U0178984

WAIC

智联世界

——元生无界

世界人工智能大会组委会　编

上海科学技术出版社

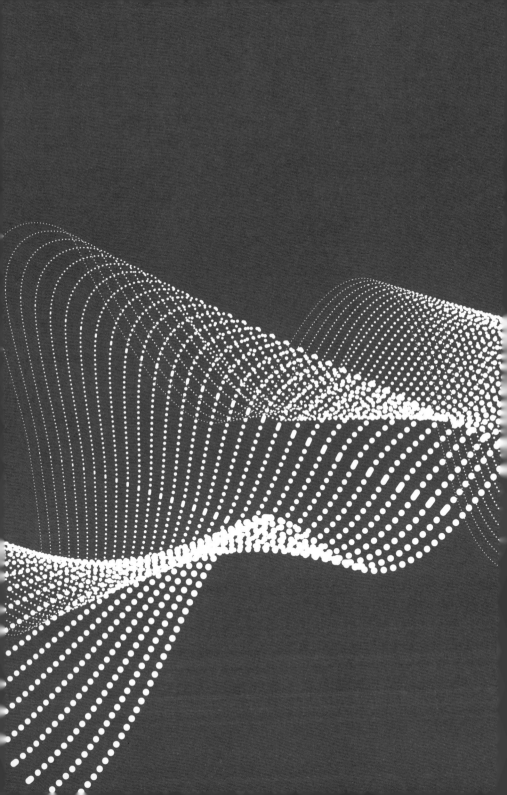

WAIC

2022世界人工智能大会

WORLD ARTIFICIAL INTELLIGENCE CONFERENCE

"新一代人工智能正在全球范围内蓬勃兴起，为经济社会发展注入了新动能，正在深刻改变人们的生产生活方式。"

"中国愿在人工智能领域与各国共推发展、共护安全、共享成果。"

——摘自习近平总书记
致2018世界人工智能大会的贺信

前言

2022世界人工智能大会于2022年9月1—3日在上海成功举办。在疫情防控常态化的背景下，本届大会以线上为主、线下线上相结合、虚实相融云会场的全新方式召开，围绕"智联世界元生无界"的主题，吸引了来自世界各地的人工智能顶级科学家、企业家、投资家、开发者等各界人士，汇聚了世界人工智能发展前沿观点和成果，以前瞻的思想引领行业创新方向，以领先的成果激活产业发展动能，以沉浸的体验展现未来美好图景，打造了一届跨越时空、联动全球、凝聚共识的行业盛会，在海内外业界和全社会引起广泛影响和关注。

作为国际高端合作交流平台，世界人工智能大会已成功举办五届。大会贯彻习近平总书记关于推动我国新一代人工智能健康发展重要指示，落实国家《新一代人工智能发展规划》，也是上海加快建设人工智能高地，汇聚全球创新资源，推动人工智能产业和技术融合发展的重要举措。在2022世界人工智能大会开幕式上，上海市委副书记、市长龚正在开幕式上致辞时强调，上海正在认真贯彻习近平主席重要指示精神，加快建设具有世界影响力的社会主义现代化国际大都市，将以城市数字化转型为牵引，加快布局新赛道、培育新动能，进一步激活创新引领的策源力、打造应用示范的标杆地、培育开放融通的生态圈、展开数字治理的新探索，全力打造世界级产业集群，建设更具国际影响力的人工智能"上海高地"。

  为更好分享世界人工智能大会的思想和学术成果，应各界需求，大会组委会继续推出"智联世界"系列图书。本书以2022世界人工智能大会开幕式和全体会议的嘉宾演讲内容为主，围绕"多元宇宙，智启新篇""前沿探索，互促共进""元力无限，赋能百业"及"虚实融合，洞见未来"等主题，全面展现世界人工智能前沿观点洞察和最新发展态势。

  本书旨在为相关人士和广大读者理解把握人工智能发展趋势、参与世界人工智能大会和上海人工智能高地建设、推动我国新一代人工智能健康发展提供有益参考。

世界人工智能大会组委会

2022 年 11 月

目　录

元力无限，赋能百业

WAIC

多元宇宙，智启新篇

人工智能与实体经济
"双向奔赴"

李彦宏　　　　　　　　　**百度创始人、董事长兼首席执行官**

毕业于北京大学信息管理专业，后获美国布法罗纽约州立大学计算机科学硕士学位。他所持有的"超链分析"技术专利，是奠定整个现代搜索引擎发展趋势和方向的基础发明之一。

领导的百度已成为全球最大的中文搜索引擎以及全球领先的人工智能公司，并于2005年在美国纳斯达克成功上市。2013年开始，不断推动中国人工智能、无人驾驶等前沿技术的创新研发、实际应用和立法进程，带动科技产业面向未来、不断进步。

现任全国政协委员、中国民间商会副会长等职务。2018年，根据《中共中央国务院关于表彰改革开放杰出贡献人员的决定》，被授予"改革先锋"称号，获颁"改革先锋"奖章。2018年1月19日，《时代》周刊刊发了对他的封面人物专访，并定义其为"the innovator（创新者）"。他也是首位登上《时代》周刊封面的中国互联网企业家。

很高兴再次来到上海，参加2022年世界人工智能大会。世界人工智能大会已连续举办了四届，其全球影响力和"引力场效应"日益提升，上海人工智能产业规模实现倍增，世界级产业集群建设迈开坚实步伐。新一届大会的举办，将助推上海人工智能发展实现新的跨越。

过去一年，无论是在技术层面还是在商业应用层面，人工智能都有了巨大的进展，有些甚至是方向性的改变。

刚才大家看到的AI作画，是过去一年技术层面进展的一个代表。之所以说有方向性的改变，这里指的是AI从理解语言，理解文字，理解图片和视频，走向了生成内容。希加加的AI作画，是通过文字描述自动生成各类风格的图片作品；百度的AI数字人度

晓晓，今年挑战写高考作文，40秒写了40篇，得分可以名列前茅。这是通过文字描述的题目自动生成文章故事的例子。今天百度App里有些视频内容，是AI把"百家号"的图文内容自动转换成视频的结果。这些都是AIGC，即人工智能自动生成内容。

AIGC背后的技术就是所谓的预训练大模型，在座的很多是人工智能方面的技术大牛，相信在后续的发言中会多次涉及这项技术。我想说的是，AIGC将颠覆现有内容生产模式，可以实现以1/10的成本，以百倍千倍的生产速度，创造出有独特价值和独立视角的内容。

当然，更让人兴奋的是商业应用层面的进展。人工智能火了这么多年，商业应该始终是其中的一个软肋，而缺乏好的商业前景，会让创业公司增长停滞，巨额亏损，融资上市困难，而大公

司也会越来越不接地气，要么逐渐变成纯研究部门，要么逐渐成为其他业务的一个附庸。

说到商业应用，进展最明显的还是在自动驾驶领域。今年6月，GM支持的Cruise在美国旧金山开启了全无人自动驾驶的商业运营，虽然中间也有各种磕磕绊绊，但还是坚持下来了，并且在不断扩大运营范围。在中国，百度的萝卜快跑7月份累计订单量超过了100万单，运营范围遍及北京、上海等10多个城市，重庆和武汉分别开放了萝卜快跑的全无人商业化运营，为我国无人驾驶的商业化和规模化扩张提供了国际领先的政策环境。

在我看来，这里也涉及方向性的改变。以前大家认为，无人驾驶离我们还很远，连图灵奖获得者斯发基斯都认为，实现完全无人驾驶可能需要几十年的时间。因此，人们把希望更多地寄托在L2+这样的渐进式路线上，认为自动驾驶的技术路线是先实现

L2，再实现L3，最后是L4和L5。国家相关部门的政策配套也是先实现L2，再实现L3，然后才考虑L4。其实L2之后率先进入商用的很可能是L4，而不是L3。因为L2和L4的事故责任界定都是清楚的，L2出了问题，责任在司机，这就是为什么主机厂商不论认为自己的自动驾驶能力有多强，永远都会说司机仍然要为事故负责。L4的责任界定也是清楚的，就是没有司机了，运营商才会为事故负责。L4和L5的区别是：L4是限定范围的无人驾驶，而L5是不限定范围的无人驾驶。L3就不一样了，司机在需要的时候进行接管，这就使得事故责任很难界定。因此，我认为L3的普及需要更长的时间。

另外，从我们实践来看，自动驾驶的技术进步的速度是超预期的。当我们希望在一个城市的某一地区获得自动驾驶运营资质的时候，技术上一般只要20天左右的准备时间就可以了，因为技术的通用性已经很好，我们的自动驾驶不是通过对特定区域的过度拟合来实现的。

今天，超过10个城市的市民可以体验到萝卜快跑的自动驾驶服务了，自动驾驶离我们已经很近。公众对自动驾驶的信任和欢迎程度也在提升。有调查显示，83%的中国人接受自动驾驶技术，中国消费者对汽车网联化、智能化的需求，以及欢迎程度、容忍程度等都比较高。

当然，车厂也在主动拥抱自动驾驶。很多汽车主机厂意识到，从零开始做自动驾驶研发，既不经济又不高效，且没有竞争力，更愿意和我们合作。目前，与Apollo合作的国内外主流车厂有30多家。百度旗下的集度汽车，也是Apollo的合作伙伴。

2022年6月，集度发布了首款机器人概念车ROBO-01，量产车型将于2023年上市。它是一款可以自由移动、自然交流、自我成长的智能汽车，体现了汽车的"智能觉醒"。

除了自动驾驶，过去一年我们还在多个领域看到了人工智能的商业化进展。最明显的是在基础设施的智能化改造方面。

首先是智能交通。目前，中国公路交通网络，还不能通过实时的信号灯调节和车路协同来提升通行效率和降低事故发生率，城市拥堵让很多人在路上浪费了大量的时间。各地为了缓解交通拥堵，不得不实施对汽车的限购限行政策，这遏制了本来应该有的消费需求，也不能从根本上解决问题。根据我们在各地的实践，通过对交通网络的智能化改造，可以让通行效率提升15%～30%，这意味着GDP大约每年增长2.4%～4.8%。目前，百度的智能交通方案已经在全国50多个城市落地实践。2022年8月，交通部正式将百度列为"交通强国"试点单位,在高精地图、智能汽车、智能道路、云平台、智能交通产业生态发展等方面开展试点。

可以预见,随着通行效率的提升,对汽车的限购限行政策将走进历史,为城市疫情之后的经济增长注入新的活力。

其次是能源水利基础设施的智能化。中国在能源、水利、水务、供热等领域建立起了强大的基础设施物理网络,但是过去的建设,重硬件、轻软件,智能化水平不高。今年全国大面积高温天气,用电负荷屡创新高,整个电网系统都绷得很紧,哪怕一个小故障,都很容易导致大规模停电。现在,中国很多省级电网都使用了百度智能云的AI巡检,能7×24小时不间断巡视,巡检效率提升了6~10倍,有效保障了供电安全。我们认为,下一步应该加强水利电力系统资源调配的顶层设计,加快这些基础设施的智能化改造，用AI实现高效实时的资源调度。

另外，在工业互联网领域，凭借云智一体的独特优势，百度智能云打造的一个AI＋工业互联网平台"开物"，入选了国家"双跨平台"。开物正在帮助中国企业在质量管理、安全生产、能耗优化、物流调度等主要场景中降本增效，提升创新能力，助力中国从"制造大国"向"制造强国"转变。比如，在质量管理环节，一家车厂完成车灯22个点位质检，只需要1秒钟的时间；在能耗优化环节，我们用AI帮助某火电厂优化空冷岛设备能耗，实现了每度电降低1.55克标准煤。如果按全国1 000台空冷机组折算，1年碳减排潜力可达600万吨，助力国家"双碳"目标的实现。

AI在这些领域的商业化应用，需要针对每个行业进行端到端的技术调优。百度在人工智能领域已经摸爬滚打10年了。这10年，我们累计研发投入超过1 000亿，每年研发占比都超过

15%，2021年更是达到23%，这在全球大型科技互联网公司中都是凤毛麟角的。这样压强式、马拉松式的投入，使得我们在人工智能的各个层面都有领先的自研技术，从最底层高端芯片昆仑，到飞桨深度学习框架，再到预训练大模型（我们最近推出了金融、电力、航天等行业的大模型），最后才能实现在应用领域效率的大幅度提升。

当然，我们也意识到，实体经济的很多领域数字化改造尚未完成，而数字化本身并未能够带来效率的明显提升，智能化的渗透尚需时日，智能化对实体经济的巨大拉升作用还没有成为广泛共识。因此，人工智能的商业化还需在黑暗中摸索一段时间。但一个新事物，从"无人看好"到"无人能及"，决胜往往就在"坚持"二字。科技创新，尤其如此。

科技创新离不开制度创新的配套。需要以更大的改革创新魄力，给创新最好的发展环境。比如，目前无人车普及仍面临"四不一难"的政策障碍，即无人车不能入市、不能上牌、不能去掉安全员、不能运营收费、事故责任难以认定。我国自动驾驶技术处于世界前列，但机会也稍纵即逝，需要推动制度创新，进一步突破政策瓶颈。只有这样，才能实现人工智能和实体经济的双向奔赴，才能推动社会的巨大进步。

最后，预祝本次世界人工智能大会取得圆满成功！谢谢大家！

打牢智能根基，加速行业升级

胡厚崑   **华为轮值董事长**

现任公司副董事长、轮值董事长等职务。本科毕业于华中理工大学，1990年加入华为，历任公司中国市场部总裁、拉美地区部总裁、全球销售部总裁、销售与服务总裁、战略与Marketing总裁、全球网络安全与用户隐私保护委员会主席、美国华为董事长、公司副董事长、轮值CEO及人力资源委员会主任等。

非常高兴又和大家相聚在浦江之畔，参加2022世界人工智能大会。

在刚刚结束的SAIL奖颁奖仪式上，华为的人工智能辅助药物设计平台获得了今年的SAIL之星奖，感谢大家认可华为在人工智能技术发展及应用方面做出的努力。

谈到人工智能辅助药物设计和开发，我也想和大家分享一个最新的案例。大家知道，细菌耐药性已经成为人类重大健康威胁，据世界卫生组织统计，全球每年至少有70万人因此死亡，远远超过了疟疾和艾滋病致死人数。一个好消息是，西安交通大学第一附属医院最近取得了突破，研发出了一款新的超级抗菌药，有望

成为全球近40年来首个新靶点、新类别的抗生素。在这个项目里面，华为提供的AI药物分子大模型做出了一定的贡献。这个大模型对上亿个分子化合物提前进行预测筛选，帮助研究人员在很短的时间内大大缩小了筛选范围。在AI的辅助下，先导药的研发周期从数年缩短至一个月，研发成本降低70%，这是巨大的进步。

我们看到，人工智能应用于各行各业、不同场景的案例越来越多，而且越来越深，即深入不同场景的生产作业。这个变化传递了一个重要的信息，正如电力和互联网，人工智能作为一项通用技术，其技术价值的发挥恰恰在于将它化有形为无形，让它深深嵌入各行各业的作业场景。

在过去一年，人工智能产业取得了很多进步。比如，在算力方面，国内现在已经有20多个算力领先的城市，正在加速建设公共的人工智能计算中心，当前已经在10个城市上线，包括深圳、武汉、西安、成都等。近期，上海人工智能公共算力平台的建设，也必将为上海科技创新与数字经济发展注入强劲动力。

有了大算力，就能够产生系列大模型，应用创新就有了坚实基础。如刚刚分享的药物开发案例，应用创新的突破口就来自药

算力作为新型城市基础设施，取得快速发展

20+ 城市启动建设

10个 上线运营

物分子大模型。大模型让每个场景化AI应用开发，都不必从零开始，真正实现从小作坊式向工业化开发转变。无论是互联网、金融等领域，还是在煤矿、农业以及气象等行业中，都可以看到大模型的身影。

人工智能产业需要一步一个脚印，踏踏实实发展。我们认为下一步的关键是，建好、用好算力基础设施，规划好应用创新方向，为各行各业数字化转型升级，打下更坚实的智能根基。持续推进算力网络建设，让算力中心从点走向面。

随着全国各地算力中心的建成，我们不仅仅要将计算中心作为独立的系统发挥作用，也要逐步形成相互连接的算力网络，发挥更大的价值。

关于算力网络的部署，有3个关键

1. AI先行

根据预测，未来10年，人工智能算力需求将增长500倍，成为未来算力的最大增量。算力网络的建设，可以从这个增量开始，通过新建的人工智能计算中心来先行先试，形成人工智能算力网络，为国家"东数西算"战略落地实践率先迈出关键一步。

算力网络正走向融合异构。不仅仅是人工智能计算中心联网，各地超算中心、一体化大数据中心，都可以并入算力网络，形成统一的算力大市场，支撑数字经济高质量发展。

算力网络，算力很重要，网络也非常关键。我们将通过全光技术的创新，构建一个更大带宽、更低时延、具有高度确定性的网络，保障数据、应用、算法的高效调度。

当前，我们看到深圳鹏城实验室、国内几大运营商等都在推进算力网络计划，华为也将与产学研各界共同推动算力网络的建设和发展。我期望，就像今天的电力网、通信网和高铁网一样，未来的算力网络也能为我国数字经济发展提供强劲的动力。

2.建得好更要用得好，算力网络的运营需要打好基础

当前，各个计算中心所产生的数据格式、算法都不尽相同，相互之间无法直接调用，只能在本地发挥价值，这就给算力基础设施的统一运营造成了很大的困难。

为此，我们需要构建相对统一的标准。具体来说，在算力硬件、应用接口、节点互联和数据共享多个层面，实现标准的相对统一与兼容，做到"同唱一首歌"。这样，才能使算力、数据与生态形成汇聚，实现全网的共享和高效的运营。

此外，仅有统一的标准还不够，发展AI基础软件生态是做好运营的关键支撑。我们认为，在大力发展芯片、网络等硬件的同

时，也要注重基础软件，如AI框架、开发套件、基础模型的协同发展，释放硬件算力，最终让AI落地行业。

当前，华为正在联合产业伙伴，打造统一的AI基础软件生态，构建产业韧性。我们的AI框架昇思MindSpore自2020年开源以来，得到产业界伙伴及开发者的积极响应，昇思社区已成了国内热度最高的AI开源社区。我们希望跟伙伴一起，共同打造全球主流的AI框架。

3.加速行业应用的孵化与创新，让人工智能技术发挥更大的价值

当前，孵化大模型已经成为行业与场景创新突破的共识。就拿前面提到的药物研发来说，场景复杂多样，比如蛋白质-小分子结合的预测、小分子属性的预测，以及小分子的优化与生成等，如果每一个场景都单独训练AI模型，效率非常低；现在通过医药行业的盘古预训练大模型，基于超大规模的参数、海量训练的数据，就可以适配药物研发的多个关键场景，大大缩短药物研发周期。

但是，大模型的研发门槛高，费时费力，要避免重复投资和

推进产业联合体，加速AI行业应用落地

70+ 科研机构和企业　智能遥感开源生态联合体　多模态人工智能产业联合体

20+ 行业新应用　在遥感、纺织、金融等行业落地

流体力学人工智能产业联合体（即将成立）

开发。因此，我们呼吁政、产、学、研、用联合起来，梳理行业场景需要的基础大模型与行业大模型，规划大模型沙盘，牵引大模型的孵化与创新，这既可以减少重复投入，也有利于集中优势资源共同加速AI应用向各产业和行业的渗透。

当然，大模型只是完成了算法开发，还要结合行业 know-how 才能落地成为行业应用。通过这一年的探索，我们认为通过产业联合体可以快速打通产、学、研、用，大大提高了应用落地的效率。当前，面向遥感和多模态两个产业联合体已经开花结果，吸引了 70 多家科研机构和企业加入，孵化了 20 多个行业新应用，推动 AI 大模型在遥感、纺织、金融等行业落地。在昇腾人工智能生态大会上，我们也将成立流体力学人工智能联合体，期待 AI 为科

增强向心力，打牢根基
扩大同心圆，繁荣生态

学领域带来更大价值。

　　人工智能产业发展是一个持续加速的过程，我们要不断增强向心力打牢根基，不断扩大同心圆繁荣生态。华为将坚持技术创新，努力做好基础软硬件平台，携手生态伙伴，共同为人工智能产业高质量发展和数字经济的腾飞做出更大贡献！

元宇宙——互联网的未来

克里斯蒂亚诺·安蒙　　　　　**高通公司总裁兼首席执行官**
(Cristiano Amon)

目前担任高通公司总裁以及高通执行委员会成员。在此职位上，全面负责高通的半导体业务（QCT），涵盖手机、射频前端、汽车和物联网，以及公司的全球业务运营。

作为公司总裁，领导制定了行业领先的差异化产品路线图，缔造了公司5G战略及其商用加速和全球部署，同时推动高通业务实现多元化并扩展至多个全新行业。还成功领导了公司的相关并购，增强了高通的实力并加速在射频前端、连接和网络等关键领域的增长。

在此职务之前，曾担任QCT总裁。此前还先后担任过多个业务和技术领导职务，包括全面负责高通骁龙平台。1995年，作为工程师加入高通公司。在加入高通公司前，曾担任巴西无线运营商Vésper的首席技术官并曾在NEC、爱立信和Velocom任职。拥有巴西圣保罗坎皮纳斯州立大学（UNICAMP）电子工程理学学士学位，还是世界经济论坛第四次工业革命中心物联网委员会联席主席。

　　很荣幸再次参加世界人工智能大会，探讨令我倍感兴奋的一个话题——元宇宙。简单来说，元宇宙是互联网的未来，也就是空间互联网，它存在于一个多维的虚拟世界。元宇宙将开启高度沉浸式、可定制的数字体验新时代，模糊物理世界和数字世界之间的界限，面向消费者和企业催生令人激动的新用例。零售企业将能够打造全新的空间和客户体验，推广其品牌和产品，将消费者忠诚度提升至新高度。数字孪生是现实世界的虚拟映射，用户能够与之互动。数字孪生将在元宇宙中越来越普及，变革世界的方方面面，比如，从产品开发、医疗保健的治疗方法和效果，到监测商用飞机的状态和性能等。元宇宙将成为完全开放、功能全面、充满创新的经济体。艺术家、设计师、音乐家等所有人都可以通过全新方式与受众沟通。元宇宙蕴含着令人惊叹的机遇，将推动全球创新和经济增长。

元宇宙将如何影响和改变各行各业和人们的生活？我们目前对它的理解只是冰山一角。XR扩展现实设备，包括增强现实、虚拟现实和混合现实设备，这将成为消费者通往元宇宙的主要入口。而智能手机和移动PC也将延伸至这一虚拟世界，智能手表、耳塞、智能家居中枢等终端将成为元宇宙的物理链路。

随着网联终端数量持续增长，万物互联逐步实现，其生成的数据将助力构建元宇宙。

随着元宇宙的演进，全新品类和形态的终端将不断涌现，为消费者和企业提供定制、优化的体验。AI对于塑造用户体验至关重要，因为元宇宙需要学习和适应不断变化的环境及用户偏好。计算摄影和计算机视觉技术将支持深度感知，例如对手部、眼球和位置的追踪，以及情境理解和感知等功能。为了提高用户虚拟化身的精确度，提升用户本人和其他参与者的体验，AI将应用于扫描信息和图像的分析，从而打造高度逼真的虚拟化身。AI还将推动感知算法、3D渲染和重建技术的发展，以构建令人惊叹的逼真环境。自然语言处理将支持机器和终端理解文本和语音，并采取相应行动。这些仅是AI对元宇宙的重要性的几个例子。

元宇宙需要海量数据，在云端完成所有数据处理显然不可行。AI处理能力需要扩展至边缘侧，情境丰富的数据在边缘侧产生，分布式智能应运而生。这将显著推动更加丰富的AI应用规模化部署，同时整体提升云端智能。5G将支持边缘侧所产生的情境丰富的数据近乎实时地分享给其他终端和云端，赋能元宇宙中的全新

应用、服务、环境和体验。终端AI具备多项重要优势。终端侧AI
能够提升安全性、保护隐私，敏感数据可保存在终端，无须发送
至云端。它能够侦测恶意软件和可疑行为，这对大规模共享环境
至关重要。终端侧AI将赋能新的颠覆性技术，如联邦学习。它还
将助力人们更高效地利用有限的网络资源和带宽。

　　元宇宙带来了令人倍感兴奋的机遇，有着无限的想象空间。
高通致力于为中国和全球生态系统提供最全面完整的技术和解决
方案，赋能网联终端新时代，并携手合作伙伴助力实现元宇宙的
全部潜能。

元宇宙：互联网的下一篇章

梁幼莓
(Jayne Leung)

Meta 大中华区总裁

目前担任Meta大中华区总裁，常驻中国香港，负责掌管Meta在该区域整体业务。拥有英国肯特大学（University of Kent）传播与影像研究艺术学士学位。在科技和广告业拥有逾20年工作及创新经验，是整个产业体系快速变迁及转型的见证者与亲历者。2010年，作为Meta（前称Facebook）在大中华区聘请的首位员工，加入Meta并为之创立香港特区办公室，由此开始逐步建立Meta的大中华团队。

在加入Meta之前，曾任职于总部在美国加利福尼亚州的Rubicon Project公司，负责帮助该广告技术方案企业建立其第一个亚洲据点。更早之前，曾在DoubleClick任职超过8年，后来随公司并购而加入Google，随后担任Google亚太地区新媒体业务负责人，执掌亚太地区DoubleClick数码广告业务，负责与广告业者、代理商及出版商相关的服务及产品。

2021年10月，我们公司正式由Facebook更名为Meta。这不只是一次改名，更代表了公司业务的自然演进。

我们的愿景始终是：让世界联系得更加紧密。我们认为，元宇宙是互联网的下一篇章。元宇宙技术，包括AR、VR，可以为人们提供更身临其境的体验，帮助人们更好地建立联结，也帮助Meta完成我们的使命。

值得强调的是，我们所说的元宇宙，并非要取代现实世界，而是在现有网络连接的基础上，提供更丰富的内容和功能，让其中的人们有沉浸式的体验，也让人们使用网络的时间更加有意义。例如，电子商务就将是元宇宙技术应用的主要场景之一。

在跨境电商蓬勃发展的今天，Meta旗下平台和我们的Meta

Spark 技术，正在帮助全球企业，用更有创造力的方式，展示品牌。

杰姬·艾娜（Jackie Aina）作为创业者，在疫情刚刚开始的时候，在 Meta 的 Instagram 平台上，创立了一家香氛蜡烛店。Meta 利用 AR、VR 特效，为她打造了一个虚拟的展示空间。这样，在未来，即使实体店的运营因为疫情受到影响，杰姬依然可以邀请消费者到虚拟店铺中做客，甚至召开新产品的发布会。

比起 2D 网页，3D 的立体空间能让经营者更真实地传达品牌个性和氛围，拉近和消费者的距离，创造商业机会。Meta 在一项调研中发现，亚太地区有超过 2/3 的潜在社交媒体购物人群表示希望借助虚拟技术，不出家门，就能试用、选购商品。

此外，Analysis Group 今年发布的元宇宙报告显示，如果元宇宙技术 2022 年开始被采用，到 2031 年，元宇宙经济将为世界 GDP 贡献超过 3 万亿美元，其中，亚太地区的元宇宙 GDP 将超过 1 万亿美元。

目前，Meta 正利用旗下的平台和技术，通过我们在中国的 11 家官方代理商，帮助中国企业与海外消费者相连。

在元宇宙的时代中，我们也将用 AR、VR 为品牌赋能，提高它们"讲故事""卖货"的能力，从而让海外消费者身临其境地感受中国产品、中国文化的魅力。

在谈了一些元宇宙的应用场景之后，大家也许会问，我应该如何进入元宇宙？除了大家熟悉的手机、AR 眼镜之外，在 Meta，最早被大家知道的元宇宙入口，大概就是 Quest 2——我们旗下的 VR 头戴设备。虽然目前，Quest 2 只在几个国家和地区销售，今天，我先行和大家做一下简单介绍。

透过Quest 2中的VR应用程序，用户可以在虚拟现实中与同事办公，和远方的好朋友一起欣赏音乐会，体验各类健身和游戏程序。在疫情期间，我和Meta全球的同事戴上Quest 2，我们的Avatar就相聚在同一间虚拟会议室，畅所欲言。在办公场景之外，许多机构正在利用Quest 2进行培训和教育。比如，新加坡国立大学医学院开发了一套VR系统，在虚拟场景中，训练学生也可以专业地应对病人。在未来，在3D世界里讲解建筑、历史，都将为学生带去2D屏幕无法带来的，更容易接受的教育体验。

最后，我认为，元宇宙将会是一个宏大的生态系统，不可能由一家企业完成，而是需要业界、企业家、决策者等，以负责任的方式共筑未来。

此外，元宇宙需要建立在诚信、安全和保护隐私的基础上。Meta将与来自全球各领域的专家一起思考元宇宙中将面临的问题和机遇。

Meta希望与大家一道，共同创造一个令人振奋的新天地。

人工智能产业发展新态势

余晓晖   中国信息通信研究院院长

现任中国信息通信研究院院长、党委副书记。毕业于北京邮电学院、中国人民大学，正高级工程师。

长期从事通信、互联网、新一代信息技术与产业、信息化、两化融合等研究工作。20世纪90年代先后从事和主持了通信网络仿真、网络路由技术、网络流量控制、网络优化、网络规划等研究及开发工作。2000年以来，先后主持了有关宽带中国、工业互联网、移动互联网、互联网、物联网、云计算等领域系统性研究，参与了国家相关战略、政策和规划研究起草。主持了与欧盟在物联网、智慧城市、宽带等领域以及中德工业互联网研究合作。

兼任中国互联网协会副理事长及秘书长、工业互联网产业联盟理事长、中关村区块链产业联盟理事长，中国信息化百人会成员、工业互联网战略咨询专家委员会副秘书长、中国人工智能产业发展联盟秘书长、国家战略性新兴产业发展咨询委员会委员、国家制造强国建设战略咨询委员会智能制造专家委员会委员、工信部信息通信经济专家委员会理事长、工信部通信科技委常务委员。曾获十多项通信科技进步奖、国务院特殊津贴以及中央国家直属机关优秀青年、中央国家机关优秀共产党员等荣誉称号。

　　我来对人工智能产业发展态势做一个简要的汇报。就全球产业发展情况来看，国际上人工智能产业规模约为 3 600 亿美元，国内大约为 4 000 亿元人民币。投融资方面，2021 年全球增长较多。但是从 2022 年的情况来看，无论是全球还是中国，都存在显著的下降。从人工智能企业数量来说，目前全球超过了 23 000 家，美国和中国加起来超过 50%。在论文、专利、人才和政策方面，纵观全球，中国还是处于一个比较高的水平，位于第一梯队。

(一) 全球人工智能产业发展概览　　　　　　　　　CAICT 中国信通院

产业规模	*2021年* 全球3619亿美元，中国4041亿元人民币	企业数量	*截至2022年7月底* 全球23089家，美、中两国占全球企业50%
投融资 金额	*2021年* 全球714.7亿美元，同比增加90.2% 中国201.2亿美元，同比增加40.4% *2022年上半年* 全球274亿美元，同比减少28% 中国51.4亿美元，同比减少55%	投融资 笔数	*2021年* 全球3936笔，同比增加3.4% 中国402笔，同比增加24.5% *2022年上半年* 全球1579笔，同比减少30% 中国159笔，同比减少46%
论文发表	*2011—2022年Q1* 全球论文90.4万篇，高水平论文7986篇 中国论文24.9万篇，高水平论文3138篇	专利申请 授权	*2011—2022年Q1* 全球申请量70万件，授权量21.2万件 中国申请量46.3万件，授权量11.1万件
人才培养	*2018—2021* 我国共有440所学校开办人工智能专业，其中2021年新增95所	政策文件	*截至2022年Q1* 全球超60个国家及国际机构，发布了超450份政策文件，隐私、人权、透明成为热词

　　梳理全球人工智能投融资的技术和产品领域分布，可以看到2022年上半年，智能机器人、计算机视觉、自然语言处理仍然是主要领域。

　　从总体发展阶段来说，当前人工智能正处于一个小范围验证向规模应用过渡的转折点，很多技术可以用，但是真正要落地的时候，还有很多困难要解决。我们观察到现在深度学习驱动的算法升级是很快的，未来设想还会有更大规模的释放。如果要做到规模应用落地，估计还要3～5年的时间才能见证人工智能深度赋能于经济社会的各个领域。

　　从全球看，大家对人工智能的前景有非常高的期待，但是现实来讲，它的发展速度并没有那么快，这当中还要解决很多问题。从技术角度来说，目前技术红利并没有完全实现产业的变现，或者让我们可以看到人工智能带来大规模的经济增长和应用渗透，这仍然需要比较长的时间去努力。其次，在人工智能认知、效能

（二）人工智能处于小范围验证向规模应用过渡的关键转折点

CAICT 中国信通院

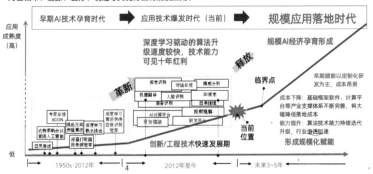

当前，人工智能视觉、语言等应用技术进入产业可用阶段，AI软硬件支撑体系达到初步赋能条件，预计5年内在城市、能源、医疗、制造等关键行业将规模应用。

和通用大模型里面还有很多问题没有解决。比如说小数据的学习、可解释、推理能力，以及我们现在看到大模型带来的非常多的功耗和成本。

这一轮人工智能浪潮是以深度学习为主，仍需要进一步探索，以进一步增加认知能力、通用能力，而这些能力的实现，尤其是作为产能释放出来，将是未来产业里重要的探索方向。

在工程化落地方面，我们把新一代人工智能技术应用于经济社会各个领域，推动经济增长、推动创新，是一个主要的方向。从单点技术升级向系统性研发能力构建，将带来开发范式的改变和系统整体性的优化提升。

从需求上来说，每个场景里面的需求是非常碎片化的，一个领域训练的模型很难用于其他领域，这带给供给方很多挑战，需要更标准化的平台工具和大规模行业数据构建等。还有一点是成本，目前来看，工程化落地成本的挑战是很大的，绝对成本持续上升。所以在工程化落地上如何减少算力需求和成本，也是需要解决的问题。

当前人工智能发展中一个很重要的趋势，就是需要构建一些通用能力基础，如大算力、大模型、大数据，像是千亿级参数的模型等，通过这样一个方式学习各种表征，然后构建比较小的模型来适用于各个具体场景。这是国内外都在做的工作，但是成本非常高，对技术、数据和算力要求都非常高。当然，这方面已经取得了相当的进展，我们是不是能在这样的基础上构造出相当于具有通用智能的人工智能模型，还是需要进一步去探索，但是这是当前非常重要的一个工作。在这项工作中，过去比较长的时间里面，大家花了大量的精力优化算法模型，但是因为高度依赖数据，所以只是优化模型是不够的。数据驱动的技术体系在未来5～10年仍然发挥主要的作用，现在一个突破的关键是从算法创新到构建高质量数据去拓展。比如说我们通过数据去噪来提高质

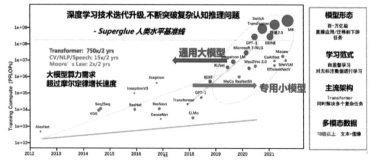

量，还有模拟生成数据甚至合成数据，这些也是数据优化里面非常重要的探索。此外，很多企业开始布局数据优化的平台工具，作为人工智能产业发展非常重要的基础。数据优化，与显著提升能力的算法优化一样，会成为释放人工智能潜能的一个非常重要的方向。

在当前的产业发展中，大模型进一步强化了全栈垂直一体化的生态优势。一方面是大模型的生成和运行需要大规模的算力和数据等资源支撑，而从芯片到硬件系统、开发框架以及应用平台的垂直一体化架构有助于通过高效适配和软硬协同大幅降低资源消耗的强度，支撑其发展。另一方面，大模型作为一种在多领域探索通用化创新机制的有前途的技术路线，也进一步强化了企业推进其一体化生态道路的努力方向，以形成更大规模自研的硬件系统、效率更高的训练模型架构以及更精细化的生产工具。

垂直一体化并不是唯一的趋势。另外一个趋势是，在过去信

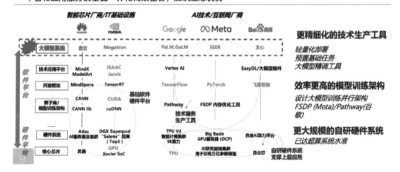

息产业中，我们看到比较明显的是水平化分工，水平化分工意味着这个产业发展进入一个深度的阶段，作为更精细的工作来提升整个产业的效率。芯片方面，可以看到面向不同需求的芯片开始兴起，AI开发工具开始精细化分工，以适应当前对AI开发应用的需求。从应用角度来说，面向不同的行业、不同的应用，来构建不同的平台，符合当前行业特定的需求。水平化分工的趋势和垂直一体化的趋势是同时存在的，这两个趋势反映了我们在人工智能发展过程中分工合作与垂直一体化相互交织的过程。

最后是关于应用，全球范围内对人工智能应用有极高的期望，现在能看到深层次的一些应用突破，也能看到一些人工智能在全流程里面的应用。这个只是应用的初期，更大的应用在后面，不仅推动了产业升级，也推动了科研工程化的进步，这对于材料和药品的研发，包括科学研究方面有很多作用。举个例子，比如说工业，这一轮人工智能技术、深度学习、知识图谱，能够帮我们解决高复杂度的求解问题，极大地提升了我们解决问题的速度。在我们2021年跟华为合作的研究中发现，目前在工业产品中的传统机器学习超过70%，基于数据建模的优化在持续增长中。如果做国内外的比较，我们可以观察到一些非常相似的地方，也有一些差异。比如说生产中有一个方面，我们观察到国外的应用都是跨国顶级的企业，国际上预测性维护、表面检测、生产过程优化、设备系统故障诊断、基于知识的工厂决策等前5位应用，我们国家有表面检测、设备系统故障诊断、生产过程优化这3个应用是一样的，从这个方面比较的话，我们在识别类应用仍占据一定比重，在数据的应用深度和解决问题的广度上面，我们和最优比还

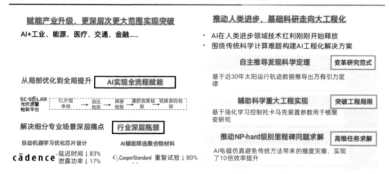

是存在差距的。

从医疗赛道上来看，发展是很快的，从智能辅助诊断产品到智能监护、智能康复、智能中医诊疗各个方面，呈现多点突破。从范围上来说，人工智能已基本覆盖了医疗领域各个环节，应该说它给我们带来了很大的可能性，我们接触到的很多医院的专家，他们对 AI 应用寄予了非常高的期望。在器械方面，目前辅助诊断占比接近 50%，然后是辅助治疗、辅助监护，辅助诊断和治疗是目前人工智能应用的主要方向。从区域分布来看，长三角区域里小型检验诊断类器械的设计创新比较多。

最后，AI 不仅服务于传统产业升级，在科学发现和研发创新中也显现出异乎寻常的潜力。这样的潜力对于很多领域的科学研究具有非常重要的意义，比如说新材料分析、蛋白质结构预测、天文数据发现等，很大程度上拓展了科学研究的工具和能力，对科学和工程都具有非常重要的意义。

产业AI重构企业全球竞争力

曹 鹏　　　　　**京东集团高级副总裁，京东集团技术委员会主席**

毕业于北京交通大学，获中国人民大学商学院EMBA、清华大学五道口金融学院EMBA。在互联网、移动互联网、互联网金融相关技术领域拥有资深的专业背景，从事相关技术工作近20年，在互联网产品和技术方面有着卓越的专业技能和管理经验。

现任京东集团高级副总裁、京东集团技术委员会主席、京东云产品研发部负责人，全面负责京东云整体产品规划与设计。在京东任职期间，凭借对技术发展的高度敏感性以及对产业变革的深入洞察力，带领团队相继推出了巡检机器人产品、智能安防解决方案、农牧智能养殖一体化解决方案等重磅产品，在相关行业和产业获得了巨大反响，得到了政府、监管机构、企业、用户的一致好评。

　　在人工智能和产业的合作中，怎么样能够在产业里面更好地使用人工智能，创造更大的产业价值，这是非常值得探讨的问题。

　　AI在我们日常生活里，尤其是民生和服务里应该都有很多应用，比如说今天论坛入场时的人脸识别，以及我从北京飞过来的旅途中，机场全部采用人脸识别登机，这些可能都是人工智能在我们日常生活和服务行业里面的应用。但是我们不得不承认，在

很多产业里面，AI应用仍然处于一个比较初期，而且是单点式的状态，它们还没有真正地为产业创造出更大的价值。人工智能的下一步发展，不单单是由技术来驱动，更多地，要从场景、应用来拉动，要能够构建起全产业链的、全周期的人工智能应用，才能够更好地推动整个产业的发展。

正好京东在这个方面也做了一些研究和尝试，而且取得了一定的成果，现在我给大家做个汇报。京东集团本身定位是以供应链为基础的服务企业，所有的能力和资源、技术打造，都是围绕着供应链这条主线来运行。2017年，京东集团提出了"三个技术"的理念，三个技术是指围绕着供应链来打造三种技术：第一个技术，是能够帮助我们自己的业务提升效率、降低成本、改善用户体验相关的技术；第二个技术，是能够帮助我们的合作伙伴实现他们产业数字化的改造所需的技术；第三个技术，是围绕供应链需要的前瞻性技术储备，包括元宇宙、云计算。我们公司最近

5年在整个技术方面投入超过900亿元，申请专利超过2万件，这些都是围绕着供应链来打造我们数字化、人工智能相关的技术。

我们对整个AI技术的使用不是在一个单点上，而是围绕着整个供应链的生命周期去做所有的技术研究。比如说在零售场景里面，我们SKU超过千万，通过深度学习、机器学习模型，去做所有的商品管理和销量预测。我们超过85%的SKU都是自动化完成采购、补货操作。在这个前提下，我们整个库存周转天数降至接近30天，在全球都是顶尖的水平。

在物流领域，我们使用大数据模型、人工智能技术，实现了仓网规划、货物调度等自动化仓储设备与人工协同，把整个物流生产效率提升了3倍。另外还有一些前沿性的技术，如机械臂的自动拣货、终端自动配送车，也都投入实际的生产应用中。

在服务领域，目前京东AI商品营销文案生成覆盖3000余个三级类目、累计生成超30亿字。京东智能客服可以自动化应答

90%的服务咨询，这是京东云言犀人工智能平台的AI能力，基于"咨询+服务"的交互模式，是行业首个实现全流程协同处理的智能客服系统。京东对于人工智能的应用是围绕着供应链的一条链，从上到下整体规划，全方位地使用。

其实，人工智能的这些技术是基于我们自己原有内部的场景所打造的，另外也有很多方面，不光是在京东内部使用，我们也可以和整个产业链合作伙伴共享，这也是得益于京东本身的定位。京东作为一个中间的枢纽，连接两端。一端是消费互联网，消费互联网上面有超过5.8亿活跃用户，有上千万SKU、几十万商家。另外一端是SKU背后更大的产业互联网，这里面有成千上万的品牌商和制造商。我们在这两端里面起到非常关键的枢纽作用，我们可以把前面说的一系列能力，以及产业伙伴需要的场景，不管是C2M的反向定制，还是一些数字的基础设施，以及一些金融服务，结合这些应用场景把技术能力进行整合，向我们产业端提供

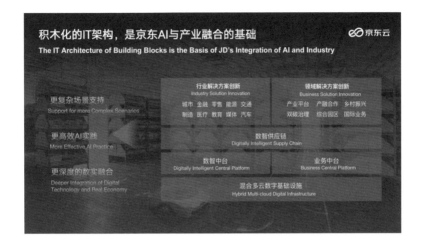

更好的服务，帮助产业端提升更高的效率，这也是我们想要做的事情。

现在我们谈的概念叫"三网融合"，包括货网的SKU管理、仓网的物流配送履约体系，以及云网的数字化基础设施。我们希望能够进一步把三网融合，从而提高效率，对内提高执行效果，对外拓展到产业链上下游，帮助合作伙伴提升生产效率，这是我们现在的一项重点工作，我们正在努力推进。

京东后来也在思考，我们的人工智能技术为什么在整个产业链应用上取得了比较好的突破，其中基础设施的构建是非常关键的。大概从几年前，我们就非常关注数字原生的概念，围绕它构建相关的IT基础设计，比如模块化的IT组建、混合多云基础的数字系统、跨集团的数据中台和业务中台，这些IT基础设施非常有助于我们在不同复杂场景下构建新的业务模型，帮助业务快速地部署实施、检验模型的效果，提升业务的效率，这是我们的一些经验。

我们在第二项技术里面也提到，这些AI技术怎么向外输出，我们希望通过京东云把我们所有积累下来的技术能力，向我们的产业合作伙伴输出，创造出更大的价值。今年的云峰会上，京东云发布了数智供应链，它是融合了京东产业AI优势的行业解决方案，是行业更高效的数字化转型模式。产业数字化经历了第一个阶段上云，正在进入围绕供应链数字化转型的关键阶段。从上云到上链，京东云持续夯实"更懂产业的云"。目前，京东云深度服务80多座城市，1 800多家大型企业，195万多家中小微企业，助力千行百业的政企客户实现高效转型。

对于人工智能在未来前瞻性的探索，包括大家都非常重视且现在很有热度的元宇宙，我们希望通过"产业元宇宙"这个概念，寻找出更多的价值点，寻找更多的产业增长点和突破点。在我们

内部有很多相关的探索，比如说柔性便利店的产品和概念；在物流领域，京东物流通过产业元宇宙三大能力，研发了京东物控3D Scada智能仓储数字孪生平台。该平台大大提升了仓库作业的效能，相比于传统人工作业的方式，效率可以提高3~8倍，这都是我们对未来的一些探索。

总的来讲，我们还是非常相信人工智能，包括AI在产业数字化，以及整个产业变革当中会起到非常关键的作用。因为我们现在能够看到，很多的产业和行业伙伴已经完成了第一阶段技术转型，以及信息化和系统化建设，但是他们现在也面临进一步的转型，他们要完成数字化改造、智能化改造，在这个部分当中，我相信人工智能会有非常大的发展机会。京东非常愿意用一个非常开放的心态同大家合作，能够助力大家提升整个产业数字化的水平，我们希望真正做到最懂产业的云。

WAIC

前沿探索，互促共进

顶尖对话："没有世界一流的数学，就不可能有世界一流的人工智能"

丘成桐　　　　　　**1982年菲尔兹奖得主，清华大学丘成桐数学科学中心主任，清华大学求真书院院长**

1949年生于广东省汕头市，美籍华裔数学家。中国科学院外籍院士、美国国家科学院院士、美国艺术与科学院院士。1969年毕业于香港中文大学数学系，1971年于加利福尼亚大学伯克利分校获博士学位。对微分几何学做出了极为重要的贡献。证明了卡拉比猜想（Calabi Conjecture）与广义相对论中的正质量猜想（Positive Mass Conjecture），并对微分几何和微分方程进行重要融合，解决一系列重大问题。在几何、拓扑、理论物理学方面成就卓著。现任清华大学讲席教授、丘成桐数学科学中心主任、求真书院院长，北京雁栖湖应用数学研究院院长，致力于数学学科的发展和数学人才的培养。1982年获国际数学界最高荣誉菲尔兹奖。曾获维布伦几何奖、麦克阿瑟奖、克劳福德奖、美国国家科学奖、沃尔夫数学奖、马塞尔·格罗斯曼奖等奖项。

沈向洋　　　　　　　　　微软执行前副总裁、美国国家工程院院士

美国国家工程院院士、英国皇家工程院院士。曾任微软公司全球执行副总裁。在微软任职期间领导微软全球研究院和微软全球人工智能事业部，全面负责微软公司人工智能战略以及覆盖人工智能基础设施、服务、应用及智能助理等产品和业务。

世界一流的数学

沈向洋：丘先生是著名数学家，我想特别介绍，目前丘先生已经离开美国哈佛大学，加入清华大学作为全职教授，为国家培养更多优秀的数学人才。非常高兴能有机会和丘先生讨论数学和人工智能。

清华大学人工智能研究院张钹院士曾表示，没有世界一流的数学，就不可能有世界一流的人工智能。丘先生作为一流的数学家，您认为什么是世界一流的数学？

丘成桐：这是一个很有趣的问题，也是世界所有数学家都关注的。关于这个问题，我想用自己的想法来回答。

数学是一个很有趣的科学，它研究了很多奥秘，比如数学家眼中所谓的大自然，包括我们看到的物质世界、宇宙，包括银河系，也包括社会、经济上所有产生的事，数学家眼中的大自然是无所不在、无所不有的，包括人工智能。所以我觉得世界一流的数学一定要能够看到这些学问的前景，同时拥有广阔的覆盖面，数学家看到的数学是一张大幅图画，这张图画包括刚才提及的种种不同的现象。

什么叫一流的数学？就像中文讲的"画龙点睛"，谁能够将眼睛点出来，就能够看到更远、更广大的所谓的自然界，也就是一流的数学。普通的数学家能够做的就是一个小问题，一点一线。但是一流的数学家看到的不止一点一线，而是一大块，覆盖面很广的一整片学问，这是重要的一流数学。所以数学往往能够影响几十年以后学问的发展，这是我认为重要的数学。

图灵、冯·诺伊曼等都是伟大的数学家。一个是从数理逻辑慢慢向计算方面去研究，引进了很多重要的观念，包括图灵测试、图灵机器等种种宏大的观念。冯·诺伊曼也是从数论的观点出发，虽然和图灵有点不一样，但也同样重要，他引进了"博弈论"。"博弈论"这个学问从冯·诺伊曼开始，影响到经济、计算机等种种不同重要的学科。"博弈论"在经济学中，已经成了一个最主要的数学工具，近20年来诺贝尔奖得主大部分跟"博弈论"有关。比如某位出名的大数学家大概在10多年前拿了诺贝尔奖，他在1950年完成了"博弈论"这个很重要的工作，也就是推广了冯·诺伊曼的原理，这些都是很重要、很有启发性的大数学家所引进的、对从计算机到人工智能做出重大贡献的人。

人工智能对数学的帮助

沈向洋：的确如此，当然，除了图灵等还有一些其他伟大的数学家，今天的很多理论都是建立在他们的研究基础之上的。但是我也知道丘先生虽然是大数学家，但您对计算机和人工智能也非常有兴趣，最近也在进行一些非常有意义的工作，比如自由传输的工作，特别是自由传输中的起点对很多的计算机科学和人工智能都有影响，想请您为我们简单介绍一下。

丘成桐：我本人也对计算机和人工智能非常有兴趣，近期做了一些有关自由传输的工作，特别是自由传输中的起点对很多的计算机科学和人工智能都有影响，想同大家简单讨论一下这个工作。这个工作是我和我的学生一同去探索的，当时我们所发掘的几十年前做的工作，对数学也有一定的贡献。其实这个数学问题是大约200年前由一位法国数学家开始的，他主要是考虑两个概率分布用什么样的方法能最有效地将两者对比和比较起来，从比较中找到很多比如人工智能感兴趣的问题、图像处理重要的问题等，都可以从中发掘。其中一位意大利数学家也对这方面有很重要的贡献，可见数学家们都殊途同归，都在用不同的方法对人工智能做出重要的贡献。

人工智能对数学有很重要的帮助。数学界有很多重要的问题，其实都不是确定的。举例来说，数学界有一个很出名的问题，就是有限群分类的问题。有限分类由很多数学家共同合作完成，但是整篇文章有几千页纸的证明。如果是100页的证明还可以勉强念完，但是几千页纸的证明很难完成，我想人工智能在这方面可以产生很大的帮助，帮我们看清这个证明是否有缺憾，尽管在逻辑上有收集不同资料和程序的问题，我想还是可以了解的。我觉得从参照数学来讲，人工智能应当有很好的用处。300年来数学家产生了不少数学，同时很多是很重要的命题。举例来说，欧拉是200年前的一位大数学家，他写了1 000篇文章，我们真正了解的文章大概有100多篇，但是欧拉所写的几乎每一篇文章都有很重要的开场性的看法，而现代人只了解他的一小部分，我想人工智能应当可以帮助我们对他进行更多的了解。为什么这么说？因为欧拉的文章大部分是用拉丁文写的，而很多伟大学者的文章都是用德文写的，我希望人工智能能够将历史上最重要的文章进行系统性的消化，让更多人能够了解。

同时我们要知道，在这100多年来，所有重要学科的突破，都是从大学问家、科学家了解不同的学科，从而让原来的学科迸发出来新的火花，产生新的学问。现在不同的学科越来越复杂，数字也越来越多，我们期望人工智能能够帮我们了解两个不同的学科，能够让人类不同的知识领域结合起来，产生一个新的学科。举例来说，我们知道数论是一个很重要的学科，数论数学也已经闻名已久。但这30年来没有一个数学家在小小的数论数学上有很大的前景，到目前为止数论数学还没有产生真正的数学家所期望看到的一个科学成果，主要原因在于数据量过大，所以需要人工智能帮助我们了解，希望能够对医学和数论本身产生一个基础上的改变。

清华丘成桐书院

沈向洋：丘先生的观点让我感到振奋，像我这样研究人工智能的人员，也有机会研发一些工具，也有机会成为数学家。我想换一个角度分析问题，一流的人工智能需要一流的数学家，一流的数学家培养是长期的、不容易的事情。据我所知，丘先生回到清华成立了丘成桐书院，我想请丘先生介绍一下清华丘成桐书院的近况。

丘成桐：从历史上看，伟大的数学家基本上都是10岁、11岁的时候开始发力，对数学产生兴趣，所以我期望在国内，也能够从很年轻的小孩子开始培养他们对数学的兴趣。我期望他们对数学这个学科能够产生真正的兴趣，参照生命科学产生浓厚的推动力。所以我每年会在全国挑选100名中学生来参加丘成桐书院的学习。我们花了很多工夫，挑了很多学生，以完全不一样的方法来训练这些小孩子。我觉得很成功，因为我们第一年的学生只念了一年，2022年参加全中国大学生竞赛，就有一个学生获得了金奖，只训练一年就能够达到研究生的水平，我觉得很兴奋，我期望这批学生中能够产生中国未来数学的领导人。我们明年计划招收8名学生，通过八年制学习，期望这批学生中能够产生中国第一批拿菲尔兹奖的得主，对此我充满信心。

从历史来看，大数学家或者大科学家都产生于一个文化底蕴很深厚的环境中。文化基础不单是数学和科学，还需要文学、社会学、历史学，所以在培养我们学生的过程中，我希望他们在文学、历史等种种不同的看法中吸收精华，让他们成长，尤其是历史。我带着学生们看了很多中国辉煌的历史，比如说我们去了西安，看了秦朝、汉唐的历史，也看了阴山文化，我希望他们知道中国是伟大的，有着5 000年的历史，值得我们骄傲。

3D重建和元宇宙

菲利普·托尔 | 英国皇家工程院院士、英国皇家学会会员、
(Philip Torr) | 图灵人工智能世界领先研究员

在牛津大学Active Vision研究组的David Murray教授指导下获得博士学位。曾任牛津大学研究员，至今仍以访问学者的身份保持着密切的联系。

获得了多个奖项，包括1998年国际计算机视觉大会马尔奖。他是英国皇家学会Wolfson研究优异奖的获得者。他和他的团队成员在NIPS 2007、BMVC 2010和ECCV 2010等会议上赢得了多个论文奖项。

曾参与2D3公司发布的Boujou算法设计工作，并获得了一系列行业奖项，包括计算机图形学世界创新奖、IABM彼得韦恩奖和CATS创新奖，以及技术艾美奖。

2019年，被授予英国皇家工程院院士荣誉，2021年由于其对计算机视觉的贡献被授予英国皇家学会会员荣誉。2021年，被授予图灵人工智能世界领先研究员。

　　我的工作基本覆盖了计算机视觉大部分的发展阶段，最早开始研究机器视觉的人是大卫·马尔，他试图从人类身上获得灵感，之后出现大量关于几何、解决几何问题、理解投影几何的研究，本质上来说这些更应该被纳入数学课题。然后学者们再次对物理世界产生了兴趣，但是这一阶段的研究主要聚焦在人为主动设计的特征方面，随后我们迎来了深度学习革命、深度学习技术进步，也就是游戏开发进步。

　　我想举例的第一个初创公司，主营业务是线上服装销售。该产业去年的产值约为 7 500 亿美元，预计到 2025 年将增长为万亿美元级别，这是一个巨大的目标市场。但其中也不乏存在一些问题，比如退货。人们可能因为衣服尺寸不合适或者不喜欢上身的样子而不想要买到的衣服，这就造成了大量的销售损失，浪费了数十亿美元的衣服，危害了地球生态，同时也让公司产生亏损，影响公司的盈利。因此，哪怕只是将退货率降低几个百分点，也会对线下和线上销售的利润率都大有裨益。

所以我们一直在研究并运用刚刚谈到的一些技术，比如分割技术和3D重建技术，同时在研究用手机、平板电脑或者个人电脑等移动设备获得影像，实现尺寸重现。也就是你站在一面镜子前，设备就可以为你匹配一件非常合适的衬衫，而且深度学习已经可以生成你穿衣服的样子，这就是深度学习与元宇宙结合的第一个例子。

深度学习确实可以给我们带来很多的裨益，有一家公司正在做这件事情。这个技术非常有意思，它可以利用这些新视角进行合成，比如使用深度网络生成一个虚拟人。我知道在中国，

我们现在可以基于移动设备的图像生成模型，
再生成精确的尺寸测量

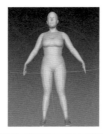

虚拟人的市场将会是非常大的，虚拟人市场正在逐渐增长。我们可以将虚拟人放到客服中心来工作，你可以跟它打电话等，或者可以用虚拟人来处理客服事项。如果某个虚拟人变得非常有名，我们除了可以给虚拟人售卖墨镜、帽子之外，还可以来做植入广告。

商业宣传

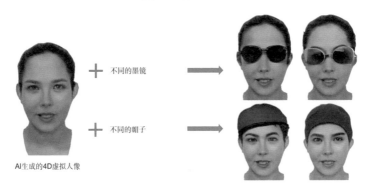

AI生成的4D虚拟人像

　　我还想为大家介绍一家公司，主要业务是帮助视障群众。视障在全球范围内都可以被称为一个重大问题，很多人都患有一定程度上的视力丧失，我认为虚拟现实和元宇宙也可以为他们带来帮助。我们可以通过增强现实来复原他们的视力，比如让视障群众戴上某种眼镜，弥补他们的视力缺陷，通过调整景深来显现他们本来没有看到的物体。

OXSIGHT 解决方案　　　OXSIGHT 智能眼镜轻巧、舒适、美观、价格合理

视障人士认为
OXSIGHT眼镜:

✓ 改变了他们的生活，
　 因为眼镜提升了他
　 们的剩余视力
✓ 易于使用
✓ 可依据他们的需求
　 定制

第一代 2019年2月推出　　　第二代 2021年推出　　　第三代 2022年推出

OXSIGHT Crystal ™　　　　OXSIGHT Onyx ®　　　　OXSIGHT Crystal 2
(3999英镑)　　　　　　　(1499英镑)　　　　　　(待定)

解决外周视力丧失的问题　解决中央视力丧失和全视野　解决低视力和消费者应用问题
最轻的设备（83克）　　　视力丧失问题　　　　　自适应用户界面和自我调节
　　　　　　　　　　　外观优雅、形状参数出众

我们的智能眼镜在功能、可穿戴性和适用性之间保持了完美的平衡 —— 这些都是顾客非常重视的购买因素。

　　最后我想说，我认为元宇宙拥有巨大的商机，我已经分享探讨了我们正在做的事情，但还有其他许多大有作为的领域，比如说数字房地产、沉浸式娱乐、虚拟音乐会等。

如何将人工智能和
元宇宙相结合

约翰·里奇蒂洛
(John Riccitiello)

Unity总裁兼首席执行官

目前担任Unity的总裁兼首席执行官，Unity是全球领先的实时3D内容创作和运营平台。作为CEO于2014年加入Unity以来，将Unity团队从几百人扩张为今天的4 000多人，并于2020年完成了首次公开募股上市。

在任职期间，确立了Unity在游戏市场里的领导地位，在排名前1 000的移动游戏中，使用Unity制作的游戏数量更是高达72%。同时将Unity的实时3D技术应用推广到非游戏领域，包括美术、建筑、汽车设计、影视动画等。

在Unity，坚信世界会因有更多创作者而更加美好。在他的领导下，Unity将坚定地帮助有抱负的创作者在实时3D领域茁壮成长并获得成功。

此外，还担任南加州大学电影艺术学院的理事会成员，曾在世界各地的城市生活和工作，包括纽约市、芝加哥、尼科西亚（塞浦路斯）、德国杜塞尔多夫、法国巴黎和英国伦敦。

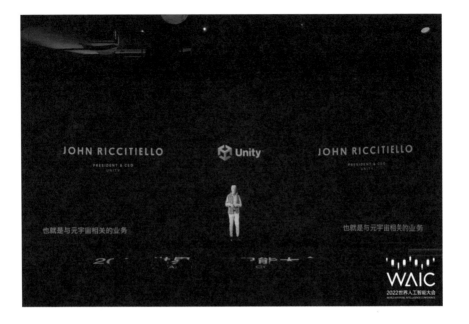

　　大家有可能非常了解Unity，我们是一家提供底层引擎的公司，服务于全世界大多数的游戏、移动端、PC游戏，但是我们也有数字孪生，为工厂、机场、建筑行业提供数字孪生的相关技术。今天讨论的是元宇宙。如何将人工智能和元宇宙相结合，这里我不想从消费的角度来谈元宇宙，比如游戏、影视等会发生怎么样的变化，或者奢侈品牌如何让消费者在家里就可以试穿。我想说的是在工业领域和商业领域的应用，这些应用产生的方式、原因、用途和运作方式，我相信这些应用会成为元宇宙中所有消费应用的综合，因为这些应用的体验更好，范围更广。

　　我先解释一下元宇宙的定义。当我们谈到元宇宙的时候，我们谈的是下一代的互联网，这其中的应用始终是以实时的3D为主、高度互动、持续稳定的，但是对于工业和商业来说，还有一个重要的组成部分就是人工智能。我要谈谈合成数据是如何通过元宇宙来推动AI发展的，无论是数字孪生还是一个机场，或者是你想象的一个东西，我们都可以用来专门讨论人工智能和合成数据的使用。

当前很多公司都在非常努力地捕捉知识世界的数据来驱动人工智能算法训练，比如说工厂中的数据，还有机场摄像头中的数据。我想着重讨论一下合成数据。这里涉及一个关键的想法：我们设想一下，如果我们正在模拟交通状况，你需要了解关键的情景，可能是卡车翻车或者是一个行人走到机动车道上，或者有一个袋鼠窜到路上。在真实世界中，这些数据很难抓到也很有限，但如果使用Unity中的合成数据就可以捕捉到数千个、数百万个不同的场景，可以有非常不同的方式来进行翻找，袋鼠甚至有可能和汽车前面的行人握手，当然这需要引导。

假设你在制造车间中工作，模拟机器人的技术或者在试图理解技术架构的问题，或者是一个汽车设计的变量。技术人员可以根据基础场景设计出几百万个不同的场景来训练人工智能并进行计算，并达到最佳效果，效率高、速度快、效果也很好，这些都是人们已经在做的事情，正在模拟工厂和机场运行。模拟工程设计和安全问题的这些例子不胜枚举。使用真实数据来强化人工智能的算法，而不是训练它，这并没有错，也应该这样做，当你尝试所有可能性时，唯一可行的选择就是通过人工合成的数据来进行人工智能训练。

我们可以举一个在高清模拟中的例子，交通情况模拟，你想了解一段容易发生翻车事故的情况，比如在大桥上下雨的环境下，灯光条件很差，但是使用数据合成模拟就可以做到这一点，而且可以通过模拟实现更好、更丰富的结果，用这样更好的结果来训练你的算法。我们高级副总裁是人工智能机器学习、合成数据和人工智能方面的专家，他是这么说的："真实世界的数据只是情景的一个快照，使用合成数据可以为真实世界增加特殊运力、特殊情况和特殊事件。"我们可以将这些合成数据添加到数据中，来提升数据的多样性。同时，使用融合数据的优势也可以无偏差地训练人工智能的算法，你的团队随时可以退回到之前的过程查看和分析算法，并且移除偏差，这就意味着在真实世界数据强化的过程中，需要几天、几周或几个月才能做的，但是用合成数据几乎即刻就可以完成，实现无偏差算法是我们所有人都想拥有的共同目标，而使用合成数据比使用其他算法更有效。对各位来说，我们希望基于这些理念改进人工智能的训练和合成数据的使用，我们希望和大家一起来改变世界，让未来更快地到来。

元宇宙和AI技术为未来发展
带来更多可能

安世铭
(Sami Atiya)

**ABB集团机器人及离散自动化事业部总裁、
ABB集团执行委员会成员**

ABB集团机器人与离散自动化事业部总裁、ABB集团执行委员会成员。2016年6月，作为ABB集团离散自动化与运动控制业务总裁加入ABB集团执行委员会。

在加入ABB之前，曾于1997—2015年在德国西门子公司担任多个高级管理职位，包括交通与物流部门首席执行官、医疗业务领域计算机断层扫描诊断设备部门首席执行官。此前，还曾担任Harald Balzer & Partner董事总经理，并曾任职于博世集团–蓝宝股份有限公司和弗朗霍夫信息与数据处理研究所。拥有美国麻省理工学院工商管理硕士、德国伍珀塔尔大学/德国卡尔斯鲁厄理工学院电气工程博士（机器人、传感器和人工智能方向）以及德国卡尔斯鲁厄理工学院电气工程和自动化硕士学位。

　　短短3年，中国的自动化水平不断提升，与全球领先国家的差距越来越小。2021年中国机器人装机数量同比增长超过44%，创历史新高，占全球安装总量的一半。自2015年以来，中国的机器人密度从每万名工人49台增加到246台，5年后这一数据预计将达到500台。在服务中国市场的25年里，ABB机器人为推动这一转型贡献了力量，随着我们的机器人越发智能、强大和易于使用，相信这一转型会不断加速。

　　今天我想和大家聊聊，元宇宙和人工智能技术会为未来发展带来哪些可能。大家可以想象一下，未来世界里，工厂进行全虚拟设计，安装机器人之前可以先模拟产线。机器人通过模拟技术通宵达旦地工作，互联机器人可以独立移动，它们不需要培训：

这些都是正在发生的事情，并且遍布世界各个角落。我们在自动化技术中引入虚拟增强现实和互联技术，希望在现实世界中开辟新的可能性。在详细开展前，我要先解释一下我们为什么要这么做。近期全球正向着"21世纪工业革命"迈进，随之而来的自动化发展进程是前所未有的，这一发展来源于影响深远的全球趋势。新冠肺炎疫情暴发又进一步加速了自动化进程，电子商务蓬勃发展，消费者行为发生了明显转变，多样化、个性化需求不断上升。随着全球人口趋于老龄化，人们倾向于寻找更灵活、更有价值的工作，全球都面临着劳动力和技能短缺问题。

说起自动化，大家首先想到产能和品质提升。全球化趋势带来的市场转型，让简单灵活的生产成为提升企业韧性的关键。对于如何应对这些趋势，我们的答案是让生产变得更简单，更灵活，这也是我们创新的重点。想要实现这一目标，虚拟技术的新成果不可或缺，ABB元宇宙的运用在装机前就已开始。在新设施的规划和设计阶段，ABB软件可以让人们灵活地与世界各地的同事协同工作，仿佛置身于虚拟世界。我们可以穿行于整条虚拟产线，从而决定产线的构建方案，还可以创建数字孪生版本，从而在实际建造前对生产流程进行测试和调试。增强现实技术可以让人们通过智能手机查看智能机器人现场生产的样子，如此一来，元宇宙的运用可以将生产调试的时间由数月大幅缩短至数周。ABB的软件帮助他们将项目的耗时缩短了25%。还有离线编程和模拟软件，也能在培训和教育领域施展拳脚。从2005年以来，我们在中国已经与900所院校合作，培训的学生超过100万名，提供机器人5 000台。

除了能够让我们在虚拟空间中工作，人工智能和机器学习还让机器人更有适应能力，更强大，更灵活，更易于使用。在劳动力短缺的情况下，机器人如何自主学习任务，帮助人们提高灵活性和效率呢？先来了解AI视觉和传感。在检测领域，人工智能机器人可以高效地完成任务，能够快速识别20微米大小的缺陷；模拟机器人可以独立完成快速学习，无须复杂的编程，甚至不需要执行实际的任务。AI机器人，能让自主移动机器人识别工作伙伴，并且可以在工作场所实现自主引导。比如，我们设计了工厂运输系统，这套系统没有轨道，主要依靠智能穿梭在不同站点间实现自主移动，是采用集成式磁悬浮技术和先进的路径规划算法来确定自主移动的路径。

2021年我们收购了全球领先的自主移动机器人制造商ASTI移动机器人集团，这些移动机器人可以在室外自主导航，每台机器人每天可以完成6次这样的行程，相当于3~6名工人的工作量。凭借3D视觉绘图技术，移动机器人可以在室内外复杂动态的环境中，完全灵活自主地进行导航。在2022世界人工智能大会上，我们还将展示ABB的开拓性创新——ABB双臂协作机器人仿写中国的书法作品。工厂内的固定生产线被灵活化、模块化的生产单元所替代，由自主移动机器人提供服务，随着生产单元之间实现数字化连接和联网，柔性生产得以真正实现。

人们现在越来越依赖数据连接，因此数据采集是未来制造的关键所在。智能自动化过程中收集的数据可以帮助生产者做出更明确的决策。未来我们的目标是打造数据驱动的企业，在这些企业的自主生产线上，通过人工智能技术收集生产数据之后，生产线依据生产需求实时进行调整，这不仅为生产制造提供了更多的可能，而且将为更广泛的领域奠定变革的基础，包括物流、医疗健康、零售等。

还有一个问题是，智能机器人如何按需生产。一台机器人在百货公司用3D打印技术生产由设计师设计的各类家具和生活用品，打印的材料是回收的海洋塑料，顾客可以现场下单购买，这个案例展示了机器人和3D打印技术如何推动循环经济的发展，将问题变为解决方案和新机遇，同时它还表现了当前智能技术所暗藏的巨大潜力。在零售场所直接进行生产，省去运输环节，从而减少二氧化碳的排放。2021世界人工智能大会上，我曾说机器人技术正在经历40年前计算机技术所进行的变革，今天这种变革正在加剧。我相信现在是一个转折点，我们正在将元宇宙中的模拟、设计和协作的概念，转化为真实和实用的商业优势。这样的技术将帮助我们开启新的可能性和全新的商业模式，在劳动力日益短缺的当下弥补缺口，在动荡时期通过灵活智能的自动化技术增强企业韧性。在从未考虑过使用自动化技术的企业和行业，随着虚拟现实和人工智能技术的进步，属于机器人的自动化技术将成为更大的可能，让我们携手迈向更智能和可持续的未来。

AI 未来说

龚 克　　　　　中国新一代人工智能发展战略研究院执行院长

世界工程组织联合会（WFEO）前任主席，中国新一代人工智能发展战略研究院执行院长，南开大学学术委员会主任。1977年入北京理工大学学习，获电子工程学士学位。1982年由国家选派出国，获奥地利格拉茨技术大学技术科学博士学位。1987—2006年在清华大学任教，其间曾先后任电子工程系主任、研究生院副院长、科技处长、副校长等职。2006—2011年任天津大学校长，2011—2018年任南开大学校长。

因主持中国数字电视无线传输标准和微型技术试验卫星的研发等工作，获国家技术发明奖和国防科技奖等奖励。荣获国家级教学成果奖（2018）。获聘俄罗斯宇航科学院外籍院士（2001）、东盟工程与技术科学院外籍院士（2020）、联合国秘书长科学咨询委员会成员（2013—2017）、国家高技术研发计划航天航空领域专家委员会专家（2001—2010）等。

欧阳万里

上海人工智能实验室教授

曾任悉尼大学副教授、电子信息工程学院研究主任。2011年于香港中文大学获得博士学位。研究方向包括计算机视觉、模式识别、深度学习、图像处理等。主要从事基于深度学习结构设计，物体检测与跟踪，以及与人相关的问题的课题研究。他和团队曾获得ImageNet和COCO物体检测第一名。ICCV最佳审稿人，*IJCV*和*Pattern Recognition*编委，*TPAMI*客座编辑，IEEE高级会员，ICCV 2019展示主席，CVPR 2021、ICCV 2021领域主席。入选2020年度"人工智能全球2000位最具影响力学者榜"计算机视觉领域前100名学者。担任*TOG*、*TIP*、CVPR、ICCV、SIGGRAPH等期刊与会议的审稿人。

邱锡鹏　　　　　　　　复旦大学计算机科学技术学院教授

国家优秀青年科学基金项目资助获得者，主要从事自然语言处理、深度学习等方向的研究，出版教材《神经网络与深度学习》被上百家高校选用。主持开发了开源框架FudanNLP和FastNLP，已被国内外数百家单位使用。获钱伟长中文信息处理科学技术奖青年创新奖。

沈春华　　　　　　　浙江大学计算机科学与技术学院讲席教授

浙江大学求是讲席教授，任职浙江大学计算机科学与技术学院、计算机辅助设计与图形学国家重点实验室。2011—2021年，在澳大利亚阿德莱德大学计算机学院、澳大利亚机器学习研究院及澳大利亚机器视觉卓越中心从事教学和科研工作；在这之前在National ICT Australia堪培拉实验室以及澳大利亚国立大学工作近6年。在从事教学的15年间，指导毕业了29名博士生、30余名访问博士生。本科就读于南京大学强化班，于南京大学电子系获硕士学位，于阿德莱德大学获博士学位。研究兴趣主要在计算机视觉的几个基础任务，包括目标检测、语义分割、实例分割、单目深度估计以及3D场景重建等。

王梦迪 普林斯顿大学电气与计算机工程学院副教授

2013年在麻省理工学院获得电子工程和计算机科学博士学位。在麻省理工学院，在信息和决策系统实验室师从Dimitri P. Bertsekas教授。于2014年加入普林斯顿大学，于2016年获得数学优化协会的连续优化方向青年研究员奖（每三年一次），2016年获得普林斯顿SEAS创新奖，2017年获得美国国家科学基金会职业奖，2017年获得谷歌教师奖，2018年入选《麻省理工科技评论》"中国区35岁以下科技创新35人"。目前担任《运筹学》副主编。

张　娅　　　　　　上海交通大学电子信息与电气工程学院教授

上海交通大学电子信息与电气工程学院研究员、数字医疗研究院副院长，上海人工智能实验室领军科学家、智慧医疗研究中心执行主任。长期致力于人工智能算法及其在多媒体和医疗影像的应用研究。曾获清华大学学士、美国宾夕法尼亚州立大学博士。曾任堪萨斯大学助理教授、雅虎实验室资深研发经理。2010年3月回国加入上海交通大学。担任科技部"863"计划项目首席专家，在人工智能、机器视觉等方向主持和参与多项国家级和省部级课题。在国际高质量期刊和会议上发表学术论文140余篇，获得5项美国专利授权和25项中国专利授权。获中国人工智能学会优秀博士论文指导老师奖（2018）、EURASIP期刊最佳论文奖（2019）、中国影视技术学会科技一等奖（2021）。

人工智能观点分享

王梦迪：我是普林斯顿大学电子计算机工程系和统计机器学习中心的王梦迪，本次主要是同大家分享一些人工智能领域最近的科研心得。

首先分享一下我在人工智能道路上的经历，我从清华大学自动化系本科毕业，之后麻省理工学院计算机系攻读博士，2014年博士毕业就加入了普林斯顿大学，从助理教授开始，2019年拿到了终身教职。后来有幸能去DeepMind当访问学者，参与了很多强化学习方面的研究。本次我主要和大家分享强化学习方向的科研展望。

强化学习是什么？对这个词，相信大家已经耳熟能详，尤其是 DeepMind，也就是经典的双人博弈强化学习算法。强化学习和我们常提及的机器学习人工智能有什么关系呢？如果回想机器学习更早期的成果，比如计算机视觉、人脸识别，其实大量计算机前沿成果都集中在认知上，比如寻找人脸对应的人、寻找静态的预测关系。

但是强化学习已经脱离了静态的认知范畴，强化学习关注的是，复杂的动态系统中能否迭代式地自适应学习，找到最优策略。比如下围棋、下象棋都可以理解成强化学习能解决的事情，因为玩家需要在巨大的棋盘状态组合空间中寻找最优路径，需要搜索的不是一条最优路径，而是通过不同的混合路径以立于不败之地。

强化学习还能应用在机器人、自动驾驶上，最近比较重要的成果是用强化学习方式实现核聚变的控制。核聚变控制是控制领域最难的问题，因为核聚变系统十分复杂，并且对微小变化非常敏感。2022 年核聚变的工作是用强化学习的方法来进行的，在复杂的系统中找到规律，并且找到一条非常精巧的控制策略，从而首次实现核聚变的稳态稳定性控制。

这一系列都是强化学习在生活中能够看到的具体应用。我做了很多强化学习基础算法的加速和理论研究。前几年我们进行了一系列研究，探索如何从理论层面把强化学习的计算效率和样本使用效率都提高。比如在有 100 步的连续决策过程中，可以把效率提高 1 亿倍。同时还研究如何在离线的强化学习场景下，从小规模数据出发，学习强化学习需要的信息，如何用极少的数据进行迁移学习，这都是强化学习领域重要的理论和算法问题。

更进一步来说，以DeepMind和游戏AI为例，如果将强化学习和大模型（世界模型）结合起来，如何帮助人工智能变得越来越泛化。终极目标就是研究在通用人工智能（Artificial General Intelligence，AGI）道路上，强化学习是如何前进的。

第一个是大家所熟知的AlphaGo，AlphaGo用到了很多知识，用到了人类棋手的数据，并且通过算法设计师添加了很多先验知识，且围棋的规则也是已知，这就是第一代强化学习。

第二代AlphaZero的特点还是下围棋，但不再依靠人类的数据和先验知识，只需学习规则就能自行迭代，找到最优策略。

不仅如此，AlphaZero不光能解决围棋，还能解决象棋等一系列双人博弈游戏，但它们还是需要学习游戏的规则。更新一代是2020年的MuZero，2022年有个新的版本叫Gato，它们的厉害之处在于，这一个算法，不是专为围棋所做的算法，能解决一系列双人零和博弈游戏，还能解决一系列的视频游戏。围棋和视频游戏是完全不一样的游戏类型，规则也不一样，但是MuZero仅通过一个算法，就能快速通过对游戏规则构建模型并迭代策略，来快速找到不同游戏对应的最优策略。

这样的一条道路，从最开始只看围棋这一个游戏就需要大量人类的实践数据和先验知识，到慢慢不依赖人类知识，不依赖先验知识，这就是强化学习的不断泛化、不断提高智能的表现。

在这一系列的开发过程中，我们同时也在算法统计理论层面搭建基础理论框架。基于模型的强化学习才能拥有足够的泛化能力，使得能让同一个算法适应不同的环境、不同的场景，并能找到规律。

除了在强化学习的核心算法外，我也在做 AI For Science 方面的探索，人工智能是非常强大的工具，不仅可以帮助我们打游戏，开汽车，还可以辅助我们设计蛋白质、设计 RNA 序列。最近有一系列研究就是将强化学习和湿实验中的定向进化（directed evolution）结合起来，优化基因编辑 CRISPR 系统的引导 RNA 序列，通过强化学习辅助的干湿实验结合的优化方式，可以将效率提高十几倍。

对于这一系列工作，我感到非常自豪，非常有幸能够把 AI 算法计算机技术用到真正的科学实验中，我相信这其中一定会有非常广阔的前景。

大模型、大数据观点分享

龚克：向大家介绍这几位"中坚力量"科学家：浙江大学讲席教授沈春华，研究方向主要是计算机视觉和深度学习；上海人工智能实验室的欧阳万里教授，研究方向主要是 AI for Science 以及计算机视觉；复旦大学邱锡鹏教授，他的研究方向主要是自然语言处理；上海交通大学的张娅教授，主要从事人工智能算法及其在多媒体和医疗影像中的应用。

王梦迪副教授从强化学习讲到了走向通用人工智能之路，现在走向通用人工智能最热门的就是"大练模型""练大模型"，甚至说"大练大模型"。现在我们在研究过程中也遇到了数据、能耗等很多方面的问题。

想请教各位，对大模型、大数据怎么看？人工智能之路能不能走远？

张娅：目前，我们在依托上海人工智能实验室进行医疗大模型方面的研究，最近有一些不错的进展。在医疗方面，我们发现大模型简单地用视觉、文本跨模态的方式来学习，能学到的东西有限。

潘云鹤院士提到，要做知识和数据双驱动的学习。在训练模型的过程中，把知识有效地放进去，可以达到两个目的：

第一个目的，不仅可以实现下游任务的快速迁移，而且可以实现下游任务零样本的学习，也就是说，模型可以通用，在没有任何新样本训练的情况下应用于下游广泛的任务。

第二个目的，可以更高效地学习，因为知识的介入会减少对数据的依赖，可以用更少的数据更快地学习。

龚克：大模型不仅和大数据结合，和大知识结合也很有前景，请欧阳教授分享下。

欧阳万里：我很同意张娅老师的想法，得到大模型的时候不见得一定需要大算力，像乔宇老师所介绍的，使用10%的数据也可以得到人家需要100%数据的同样效果。中国人一向能够做到的事情是，用更少的资源达到同等的水平，这点我丝毫不怀疑，只要我们往这个方向走，就能找到一条更好的路。

另一方面，因为我自己从事视觉研究，我看到的大模型是特征，我过往研究的计算机视觉方向，通用的特征是SIFT（尺度不变特征变换），基本在计算机视觉各个任务都在使用。到了深度学习时代，有了AlexNet、ResNet、VGG等新的特征，它们具备了通用模型的特点。所以，通用模型并不是第一天才产生，而是建立在很多原生案例的基础上。

比如我们当时做ResNet设计，并不会考虑一个模型在多个任务中都会起作用，确实，模型在有专门数据的时候是有用的。所以继续往前推进的过程应该是自然而然产生的，但又确实是值得探索的方向。

龚克：正如欧阳万里教授所说，大模型不一定非要依赖于大数据，人工智能研究院观察大模型和数据的使用，一直是正相关的曲线，向上的。我非常希望，通过"书生"模型看到一定程度的脱钩，特别是通过知识的引入，给深度学习开辟新的境界。

沈春华：我非常同意张娅教授和欧阳万里教授的说法，像CLIP模型，如果数据质量更好的话，降低噪声，可以大大降低所需的数据体量。从另外一个维度来讲，"大数据 + 大模型 + 大算力"远远没有达到天花板，我们会持续看到有更好的模型被训练出来，也会有更好的工作发布出来。

同时，从模型训练效率的角度来看，接下来一段时间也会看到非常好的研究成果。也许两三年之后，我们可以用今天1%的算力训练建立出像GPT-3一样的大模型，这是完全有可能的。

邱锡鹏：我主要从事自然语言处理工作，在自然语言处理中，"大模型"格外大，原因就在于它是捕捉一些用文字承载的知识，而这些知识并不存在于数据中。所以就需要非常大的参数量去"记住"这些知识，记住了之后就会有一定的通用性。

而现在，由于训练了大模型，在自然语言处理中就会表现出一个趋势，原先自然语言处理中各种各样的任务，比如机器翻译、阅读理解等，都把原本的处理范式进行统一，向大模型擅长的形式靠近，使得大模型看起来更具有通用性。由于所有任务都正在接近大模型善于处理的模式，使用一种范式可以解决自然语言处理中的大部分任务，这从另一方面加强了通用模型的能力。

机器的情感伦理问题

龚克：大家都认为大模型还是很有发展潜力，而且不一定要捆绑上"大数据"，也不一定要捆绑上"大算力"，其至有可能跟数据和算力脱钩。我有一个同事还跟我说过这样一句话，现在你看到的是"量变"，也许达到什么时候会出现"质变"。我非常期待"量变"引起"质变"。

我还想提一个大家比较关心的话题，谈到人工智能时是机器智能，而人类智能是有情感和情绪的。这是人类比机器强的地方，现在机器还没有情感。我想请教各位怎么看这个问题？情感对机器来说是不是必需的？情感和智能之间是什么关系？

沈春华：我觉得机器智能并不一定要完全模仿人类，机器智能完全可以做它更擅长的事。我的看法是不强求它拥有情绪。

龚克：不一定要强求，不一定非要它有情绪不可。想了解下邱锡鹏教授是如何看待的。

邱锡鹏：现在我们所看到的大部分属于被动智能，它们被动地接收数据，被动地产生输出。在很多场合来讲，这种程度的智能也足够我们日常使用了。但如果想追求更高层智能的话，首要一点是主动性一定要加强，类似于有自我意识，这就离不开情感的发展。

龚克：对于跟机器打交道的应用，情感或许没那么重要，但现在有些跟人打交道的，比如聊天机器人、电话咨询、识别情感、理解情感、理解语气对它的回答会有帮助，也是相称性原则。接下来想了解一下欧阳万里教授对这个问题的看法。

欧阳万里：据我有限的知识了解，对人工智能识别情感的功能已经有很多科研工作者在这方面走得比较远了，已经具有了一定的能力。接下来的一步，就是通过已经识别的情感再进行反馈。是否能学到好的情感决策？这取决于像王梦迪老师所钻研的领域能够走多远，目前这仍然是未知的领域。人的情感是可解释的，那么机器的情感有多少可解释性？我相信这仍然是非常值得研究的课题。目前在这些方面的问题并没有完全解决。

像沈春华教授所说，针对不同场景的应用是否都需要有情感？应当根据特殊的应用区分来看：有些希望有情感，但有些应用则希望机器可以控制它的情感而避免不可预料的情况。

张娅：说到有情感的机器人，我第一个想到的就是《超能陆战队》里的大白，很温暖。我很认同几位教授的观点，有情感的人工智能一定有相应的应用范围、应用领域。比如说，陪伴机器人、服务机器人要在未来都能普及到普通家庭中，是一定需要情感的，我们不喜欢冷冰冰的机器天天和我们接触。所以这方面的研究应该是很有必要的。根据我浅薄的知识、有限的了解，我知道，在聊天机器人领域，确实有人进行有温度的、有情感的聊天机器人研究，以及对脑科学方面的研究，比如通过脑电波监测人的情感。某种意义上来说，聊天机器人也是在模拟人的情绪，我有情绪的前提是知道对方的情绪是什么，两者是相辅相成的工作。首先需要知道怎么样理解机器人服务对象的情感，机器人可以对应地做出情绪上的反应。

未来畅想

龚克：对机器的情感问题各位教授都分享了自己的看法。我们希望智能能够善解人意，这也是为了更好地为人服务。

最近科技部等一批部委发布了关于人工智能场景创新的文件。推动场景创新，推动人工智能已经是很热的新词了。现在提到终端，我们最容易想到的就是手机，再就是想到眼镜。从场景创新和最终的终端使用情况、同人类打交道的情况来讲，想请四位教授分享一下，有什么能够突破边界的畅想。

欧阳万里：我所想象到的和我在上海人工智能实验室之后

想要研究的方向息息相关。我之前研究的领域是计算机视觉，但是来到人工智能实验室以后，我将开展对我而言的一个全新领域，就是 AI for Science。之所以开展在这个领域的研究，是因为我看到了在 Science 方面，还有非常多的新场景 AI 的研究者没有涉及。比如近期，我一直在跟中国科学技术大学合作进行天文研究，他们想通过引力透镜，来观察看不到的暗物质在空间中是什么样的形状，是什么样的密度，存在什么样的属性。以前自然科学家是通过物理的推演进行研究的，在人工智能投入使用后，两者碰撞，得到了很有意思的结果，这只是其中的一个例子。在 AI for Science 领域，有非常多科学家、人工智能学者携手并进，可以达到很好的效果。期待人工智能能在众多中国科学家擅长的领域，同他们碰撞，进行新的探索和创新。

龚克：科学没有边界，如果能用人工智能强化科学研究，这是一件很重要的事，能增强"第一生产力"，是最重要的。

沈春华：除了欧阳万里教授说到的 AI for Science，最近 DeepMind 也做了许多很有影响的工作，相信后面会看到更多的这方面研究。

除此之外，人工智能也好，机器学习也好，本质上来看，我们说的都是最近这二十年的人工智能，而不是基于规则的"人工智能"。到最后是数据驱动的优化问题，简单来说就是一方有一堆数据，另一方有优化算法，两者结合做数据拟合。从这个维度来讲，只要有数据，机器学习就有用武之地。

现在有很多人在讨论 AI + X，理论上 X 可以是任何行业，只要有大数据，就很有可能让 AI 产生价值，甚至产生颠覆性的成果。所以我觉得应用场景会非常丰富，在不久的将来，相信很多领域都能出现非常好的科研成果。

龚克：无限的世界有无限的应用。数据就是数字表达的信息，只要有物质能量的运动就有信息，智能就有用处。

邱锡鹏：整体来看，现在的 AI 都可以看成是数据驱动的，更多是处理、解决问题的思想。但我们和很多企业接触后发现，更多场景不是数据驱动的，没有数据，就仅仅是想法来驱动，这样就限制了 AI 模型、算法的应用。

如果在未来，更高级的智能场景是实现类似于语言学习更高一层的学习，比如通过语言交流等更高级的人机交互方式，使得 AI 算法自动算出这个场景应该用什么样的 AI 模型，用什么样的解决方案来解决场景的问题，改变开发 AI 阶段还需要大量人力投入的现状，使应用场景更广泛。

龚克：人工智能是可发育的智能，会随着实战越来越强。

张娅：我非常同意几位老师的观点，人工智能更多应该被定义为工具，理论上只要有数据的地方都可以应用。但早期人工智能概念还没有现在这么热门的时候，因为互联网的数据非常充沛，应用非常清晰，已经在大量应用了。到了 2007 年左右，更加火爆起来，更多领域开始拥抱人工智能。

人工智能要具备自我演化的能力，现在广泛研究的自监督学习、强化学习等技术，正使人工智能可以具备这种能力。我们不难发现，什么领域能满足可以让机器自动学，自动演进的，那里就更容易产生爆发的场景。

像 AI for Science，包括我目前研究的 AI 智慧医疗，还有机器人应用，具有非常广泛的前景。

龚克：我认为，在将来人工智能不会是一次就训练完成的，而是在应用过程中不断再训练，再学习，再发育，再成长，能力越来越强，为人类服务得越来越好。

AI师长说

王延峰　　　　　　　　上海人工智能实验室主任助理、教授

博士生导师，现任上海人工智能实验室主任助理、全球高校人工智能学术联盟秘书长、国家发改委人工智能专家委员会委员、科技部科技创新2030—"新一代人工智能"重大项目指南专家组成员。主要研究方向为人工智能、智慧医疗、新兴信息技术商业应用。

董 豪　　　　北京大学图灵班班主任、计算机学院助理教授

现任北京大学信息科学与技术学院前沿计算研究中心助理教授、博士生导师，于2019年8月正式加入中心。于2011年在英国中央兰开夏大学获一等学士学位，分别于2012年、2019年在英国帝国理工学院获一等硕士、博士学位。研究领域为计算机视觉与机器人。曾于2012年创办HyperNeuro脑机接口公司，并担任首席科学家。在NeurIPS、ICLR、ICCV、ECCV等顶级国际会议上发表多篇论文，获得ACM MM会议最佳开源软件奖。承担多项国家级和省级项目，主持科技部科技创新2030——"新一代人工智能"重大项目。

卢策吾　　　　　　　　　上海交通大学吴文俊人工智能博士班班主任、
电子信息与电气工程学院教授

现为上海交通大学计算机系教授、清源研究院院长助理。主要从事计算机视觉、行为理解和智能机器人的研究。以第一或通讯作者在 *Nature*、*Nature Machine Intelligence*、*TPAMI*、CVPR 等高水平期刊和会议上发表论文 100 多篇，开源了一系列达到国际先进水平的人工智能框架和数据集，如人体姿态估计系统 AlphaPose、人体行为引擎 HAKE、高性能机器人抓取系统 GraspNet。曾获求是杰出青年学者奖、上海市科技进步特等奖、世界人工智能大会卓越人工智能引领者奖，曾登上爱思唯尔（Elsevier）2021 年度"中国高被引学者"榜单。

吴　飞　　　　　浙江大学图灵班班主任、人工智能研究所所长

浙江大学上海高等研究院常务副院长、浙江大学人工智能研究所所长，求是特聘教授、国家杰青获得者。教育部人工智能科技创新专家组工作组组长、科技部科技创新2030—"新一代人工智能"重大科技项目指南编制专家、中国工程院院刊 Engineering 信息与电子工程学科执行主编。主要研究领域为人工智能、多媒体分析与检索。入选"高校计算机专业优秀教师奖励计划"，以第一负责人获2021年度中国电子学会科技进步一等奖、2020世界人工智能大会卓越人工智能引领者奖。著有《人工智能导论：模型与算法》，开设国家级首批线上一流课程"人工智能：模型与算法"，负责教育部计算机领域本科教育教学改革试点工作计划"人工智能引论"课程。

王 杰

中国科学技术大学少年班学院副院长、电子工程与信息科学系特任教授

中国科学技术大学教授、博士生导师、少年班学院副院长，国家创新人才计划青年特聘专家，国家优秀青年科学基金资助获得者，IEEE 高级会员，CCF 高级会员，曾任美国密歇根大学研究助理教授。长期从事人工智能、机器学习等相关领域的研究，主要研究方向包括知识图谱、图神经网络、强化学习与机器博弈、大规模机器学习优化算法等。曾获SIGKDD 2014年最佳学生论文奖（Best Student Paper Award），代表性工作进入由美国科学院院士撰写的统计稀疏学习教材。现任*Data Mining and Knowledge Discovery*编委、*Neurocomputing*副主编，以及多个人工智能顶级会议（高级）程序委员会委员。

赵　行　　　　　清华大学姚班班主任、交叉信息研究院助理教授

清华大学交叉信息研究院助理教授、博士生导师。博士毕业于麻省理工学院，后于谷歌无人车项目 Waymo 担任研究科学家。研究涵盖自动驾驶的整个算法栈，以及多模态和多传感器的机器学习。提出了自动驾驶感知和预测中一系列框架型的工作，为行业大多数公司所使用或借鉴。研究工作曾被多家主流科技媒体报道，如 BBC、NBC、《麻省理工科技评论》等。曾获 2015 年 ICCP 最佳论文奖，入选 2020 年《福布斯》杂志"中国 30 岁以下精英榜（科学和医疗健康行业）"。

人工智能特色班级的根本意义和成功标准

　　王延峰：党的十八大以来，习近平总书记高度重视科技创新，为人工智能赋能新时代指明了方向。人工智能科技与产业要实现高质量发展，关键在于人工智能的人才。人工智能科技与产业的竞争很大程度上是人才的竞争，而人工智能人才培养的规模、结构、质量，则决定着全球人工智能未来的竞争态势。

　　然而，在世界人工智能最核心最原创的内容方面，我国的贡献与我国的大国地位还不够匹配，基础性、开创性的研究能力还有待进一步提高。在这个过程中，高校是我国培养人工智能人才的主战场。据不完全统计，截至2021年12月，有150余所高校设立了与人工智能相关的机构，人工智能学院100余个，人工智能研究院70余个。作为新兴科学技术策源地的高校，为人工智能长远发展打下了厚实的人才基础。

在众多培养模式中，最受关注的当属顶尖高校开设的人工智能特色班级，如北京大学图灵班、上海交通大学人工智能博士班、浙江大学图灵班、中国科学技术大学少年班、清华大学姚班。

这些人工智能特色班级是如何为人工智能的长远发展打下基础的？为解决这样的问题，我们邀请了人工智能班主任"天团"，他们都是优秀的人工智能学者，在自己的领域拥有一定的学术声望。目前，人工智能还没有像其他传统学科那样成熟的人才培养方案，还需要不断探索，所以他们还是人工智能教育的实践者和开拓者。让我们来了解一下这些学者对人工智能人才培养的理解。

第一个问题，从"为什么"开始，一流高校都在办特色班级，我想请教各位，在各位专家看来，特色班级存在的根本意义是什么？判断特色班级成功的标准是什么？特色班级的生源都是顶级的生源，在此基础上，如何判断特色班级是否成功？

吴飞：我觉得人工智能特色班的重要性在于，人工智能像历史上的蒸汽机、电力和因特网，它是一种通用目的技术。在信息时代，任何一个通用目的技术和其他技术紧密结合，都将推动技术变化，重塑行业形态，可将它称为"使能技术"。

2019年4月教育部批准35所高校设置人工智能本科专业，一方面将人工智能作为知识密集型专业，另一方面重视人工智能赋能社会的巨大作用。今天来自5所学校的老师来谈各自特色的时候，要着眼于人工智能驱动信息时代的发展的新需求。

5所学校都有不同的特色，像姚期智先生所说的基础研究，蒋昌俊院士介绍的和数字金融有关的内容，每个学校可以把AI和其他学科加起来，形成"AI＋X"的模式。"AI＋X"中的"AI"一定是相同的，因为人工智能具有相同的内涵，但是"X"一定存在各自的特色，诸如培养的手段、培养的目标、培养的学科交叉人才方面的特色。

比如说浙江大学人工智能本科专业提出"强基础，促交叉，促应用"，既要把基础学好，又要让同学们进行交叉，还要瞄准问题和应用的驱动。

王杰：吴飞老师的观点让我感触颇多。中科大少年班学院沿袭中科大的人才培养传统，非常重视学生数理基础的培养。少年班学院的同学，在大一、大二这两学年会接受大量数学物理的基础课教育，这些基础课和中科大的物理系、数学系基础课有同样的难度。设立这个课程的主要目的在于夯实同学的理论基础，因为现在人工智能方向发展有两个特点：第一，技术算法上迭代更新速度非常快；第二，前沿热门应用领域的轮换非常快。

我们希望同学们在面对日新月异的技术、模型、应用的时候，能够不被表面的现象所迷惑。另外，也希望同学们在掌握比较扎实的数理基础前提下，具有出色的实践创新能力。

少年班学院培养了非常多杰出校友，比如张亚勤老师就是少年班学院前几届的同学，最开始的研究方向跟现在的研究方向差别非常大。据我所知，汤晓鸥老师本科是中科大的精密仪器系，和现在做的方向有一定差异。少年班学院（乃至中科大）的培养理念是尽全力夯实同学们的理论基础。当有新的学科、新的应用领域出现时，只要国家需要，同学们感兴趣，我们的学生就可以快速投入该领域，并且取得非常好的成果。

董豪：对于第一个问题，特殊班级建设的目标是什么？在北大，图灵班的目标是尝试，通过尝试做改革，无论是老师还是学生，师生共同探索更加好的培养模式，一旦成功以后，希望可以在所有班级里推广，所以我觉得，特殊班级的存在是为了改革尝试。

对于如何判断一个班级是否成功，我很认可吴飞老师的观点——看学生未来的变化。如果学生在毕业四五年以后在不同的领域，无论是学术或是商业，都能有比较好的发展，并且有丰富的多样性的话，我们就可以认为这个班级是成功的。我认为最终的成功在于将培养模式推广至所有班级。

赵行：我觉得人工智能的发展有两个大的特点：第一，迭代非常快；第二，交叉性特别强。

可以向大家透露，交叉信息学院最近把姚班、智班、量子信息班三个班合并为了新的"姚班"，主要是针对本科阶段的同学们。因为本科生刚进入大学，对各个学科了解程度不高，让本科同学们进入通用的培养平台，之后再给予他们更多的选择权利，这些同学就可以自己选择，或是研究计算机的技术理论，或是研究人工智能应用，或者是投身于量子信息、量子物理方面的研究。

毕业以后如何评价达到培养的目的呢？短期看，就是看交叉信息学院的同学们毕业时是否都选择了自己感兴趣的方向。我希望这部分学生不是按照课程的培养方式选择出路，而是完全根据兴趣来进行选择，可以发现有些人进入了工业界，有些人进入商界，有些人进入学术界。如果把时间尺度拉长，我希望十年或二十年以后，他们都能成为所在领域的领军人物、大师级的人物。

如何把握AI＋X的平衡和高等数学为AI打下的基础

王延峰：第二个问题，很多特色班级都强调交叉，比如吴飞老师说的浙大图灵班提出"强基础，促交叉"。"交叉"有两方面的内涵。一方面是人工智能方向的学生能有广泛跨学科的视野，为"AI＋X"打下基础，这里就有天然的矛盾，因为学生的时间和精力总量是有限的，平衡点如何把握？另一方面其他学科要有交叉，各学科"X＋AI"，类似现在几乎所有专业的学生都会学高等数学，因为它是基础的工具。各位老师如何看待这个问题？人工智能和交叉两个方向如何推进？

董豪：单讨论人工智能就已经十分广泛了，因为它是分层的学科，从理论部分开始，理论层、架构层、应用层，有三个层级。如果光说要学人工智能的话，可能需要做出取舍，因为人的时间是有限的，可能只能选择其中一个方向才能做出比较好的结果。

从交叉来说，AI确实可以用在各个地方，但是如何使用AI

呢？这就需要对各种交叉问题进行抽象，用抽象的视角看问题才能找到更好的工具。

卢策吾：第一，人工智能专业怎么"+X"？在本科教育中可以采用目录式的方法。尽管交叉学科像本大字典，很难都背下来，但是目录可以让学生知道人类学科之间的关系以及底层逻辑。比如我们学习物理，学习底层逻辑，学习如何和AI结合，如果浓缩成目录、摘要的话就有可能几节课内学完。如果某一天有需要，学生想要进一步研究，比如说"AI＋物理""AI＋化学"，这样就具备了基础的认知，就像中学生一样，对学科的基础知识有一定的认知。

第二，"X＋AI"。对于每个学科，人工智能慢慢会变成它们的基础工具，像数学一样。"高等数学"几乎是每个学科必须学的，这个过程经过上百年的锤炼，数学也确实是各个学科的工具，所以未来很长时间可能会锤炼出类似于"高等数学"的AI课程。它将嵌入各个学科，让各个学科的教育者都觉得值得，而不是强行"＋AI"。

吴飞：我们可以从两方面来看这个问题：首先，王延峰教授也说过，我们5所学校学生素质都比较高，培养人工智能人才一定要从立下伟大的理想开始。从长远来看，本硕博的培养，时间还是比较充裕的，并不是学生们一二年级学基础课程，三四年级就可以进入专业课程，这有点匆匆而就。我们第一步是要下决心，让同学们把人工智能的基础打磨好，再用优雅学习的状态，向着本硕博迈进。

其次，对于各专业的学生，华东六校一起发起过"AI + X"微专业，就是面向"X"专业学生讲授AI知识，现在计算机专业的学生如果不学人工智能，对这些学生以后在科研、社会能力方面的能力发挥肯定也是短板。因为人工智能不是一门学问，在之后更多是一种思维方式，有点像周以真教授早年提出的"计算思维"，人工智能本身也是和人类的思维活动紧密相关的学科，可以起到思维理念锻炼的作用。

王杰：我想从两个层面分享一下我对这个问题的思考。

第一个层面，确实"AI + X"的"X"可能是许多不同的学科，而且很多学科从表面上看起来还是有较大差距的。在培养学生的时候，可以更重视所谓的技术方法背后的"元知识"，这和董豪老师、卢策吾老师提到的底层数理逻辑是同样的意思。

第二个层面，从教学角度来看，在本科生教育阶段的基础课如数学分析、线性代数的教学一般是按照学科发展来组织教学内容的，比如数学分析肯定是先讲实数，再讲极限，再讲微分。如果学生没有及时接触更加偏向于实际应用课程的话，很多学生会对学这门课的用处感到迷茫。

对于人工智能这种应用性很强的课来讲，可以从问题导向的方式开展教学，比如从介绍一类比较重要的、有共性的应用问题开始，向学生介绍如何对这些问题进行建模，也就是如何用数学语言来严谨地描述实际问题，然后再教他们如何求解，把之前学过的基础知识工具用起来。

对于学生来说，一方面，可以快速了解到人工智能这门学科所要面向的应用领域具有巨大的可能性；另一方面，也可以更好地了解过去所学的基础知识的强大之处，为学生将来走向工作岗位，面对实际问题时如何利用学过的知识解决问题打下比较好的基础。

赵行：人工智能发展日新月异，如果遵从传统教科书排布确实是不合适的。清华姚班对于课程设置进行了很多调整和改造。

我先介绍一些比较受重视的基础课程，主要是三门：数学、算法和机器学习。

（1）数学毋庸置疑是所有科学的根本，在学院里，姚期智先生亲自教授人工智能应用数学、计算机科学的应用数学这两门课，为同学做很好的起步学习。

（2）算法。世界上很多问题不一定要用AI解决，传统经典的算法已经可以解决很大一部分问题了，这些算法凝结着人类历史上一系列智慧，让同学们了解这些经典算法，是非常重要的。

（3）机器学习。深度学习只是机器学习的一部分，机器学习从20世纪60年代就开始有了长足发展，让同学们理解发展的过程，以及其中的因果联系和原理，都是非常重要的。这三门是比较受重视的基础学科。

关于"AI + X"，更多是在本科阶段给同学们一些入门式、介绍式的教育。比如说开设了人工智能入门、量子人工智能入门等学科，更多的目的是让同学们了解学科发展，然后同学们有更多的自由度选择选修课。选修课包括了更多偏向于"AI + X"的学科，比如计算生物学、数字金融、自动驾驶课程。

从基础到"AI+"什么样"X"的自由选择结合，能给同学们真正好的发展平台。

AI人才本硕博阶段培养的区别、定位和连接

王延峰：最近教育部推出了"拔尖人才培养计划"，希望统筹考虑本硕博一体化的培养模式，刚刚吴飞老师也提到，如果本硕博有预期的话，或许可以更优雅地学习人工智能。如果未来人工智能也成为"拔尖人才计划"中的学科，人工智能人才本硕博三个阶段培养的区别是什么，不同的定位在哪，本硕博之间的链接是什么？

吴飞：记得有个高考报考的俗语说过，本科是选学校，硕士研究生是选专业，博士研究生是选导师。大学里面也流传这样的说法：当我本科毕业的时候，我觉得什么都知道了；可是当我硕士毕业的时候，我觉得什么都不知道；再当我博士毕业的时候，我觉得我的导师可能什么也不知道。

本科阶段主要是打基础，而硕士阶段是找到自己一辈子想从事的方向，也就是所谓职业，在博士阶段则需要更加前沿、更加深入地进行探讨。

目前我们5所学校的大学都有通识教育的趋势，但在研究生阶段，硕士研究生被当成学习专业和技术的阶段，博士研究生就是前沿探索。

王杰：我很同意吴飞老师的看法，我也觉得在本科阶段确实是应该让学生打基础的阶段，本科是基础。硕士阶段是实践的阶段，应该给硕士研究生一些与工业界真实面临的问题相结合的实践锻炼机会。博士期间更重要的则是培养创新能力。

经过本科、硕士的训练之后，到了博士阶段，就非常需要一些攻坚克难的专业人才。我们在和很多头部企业的合作过程中不断意识到：在目前国家面临的"卡脖子"问题上，不缺具有很强的工程实践能力的人才，但是十分需要能够独当一面、攻坚克难的人才。我认为，这个任务在学生们的博士阶段，应该得到比较好的锻炼。

赵行：我也非常同意王杰和吴飞老师的观点，本科生更多是给他们研究的启蒙，至少在姚班，同学们从大二下、大三阶段就开始了解有哪些研究问题可以进行，更多是了解什么是做科研，知道有哪些科研方向，以及做一些比较初步的了解和探索。让他们知道自己是否适合做科研，如果觉得适合做科研的话，可以考虑是否要读博士，本科阶段更多是这样的形式。

很多同学也会意识到自己还没有完全想好，往往建议他先读硕士，进一步了解自己，知道自己的技能点在哪里，知道自己的兴趣点在哪里。硕士的培养目标确实更偏应用，更偏产业需求。博士是真正的科研硬仗，要坐"冷板凳"，更多让他们提出问题，解决问题，同时也要了解产业需求，把产业需求凝练成科学问题，不仅仅是直接解决产业问题，更多是要把产业问题提炼出来，再进一步解决。这个目标是比较远大的，这样的人才也是国家最需要的。

董豪：非常同意王杰、吴飞、赵行等老师的说法，本科生阶段更多是打基础。在北大图灵班有两种模式。

第一种模式，带学生做科研。我们有"科研轮转"的机制，每个本科生都可以在不同老师那里待一段时间，跟着博士生们做研究，看看到底对什么感兴趣，找到自己的兴趣点。在教学方面，人工智能的基础是分层的学科，包括计算机理论，如软件架构、数据库、框架等层面，包括应用，如计算机视觉、强化学习等方向，有许多内容需要了解。而学生在学习过程中，基本上本科的前三年就都已经知道自己未来想要从事的方向。

第二种模式，"图灵博士计划"。图灵班的同学在大三的时候如果想要读博，就可以直博了。本科毕业，通过科研轮转，将所有学科方向都体验过以后，大四毕业可以直接成为博士生，一直往感兴趣的方向发展。

卢策吾：本科到博士的阶段是一个从吸收知识到创新知识的过程，是一个渐变的过程，从吸收知识到深度创新知识并没有明显的界限。如果一个学生特别有潜质的话，本科就可以进入类似博士的阶段，最晚到硕士的时候就可以决定是做技术工程人才，还是做深度知识创造，也就是决定要不要读博。

从知识吸收到知识的深度创造是灰度的过程，有充裕的本硕博贯穿机制会比较有利。上海交大有吴文俊人工智能博士班，探索人工智能博士教育的班级。希望能对吸收知识到创造知识这一过渡阶段做出非常好的承接。

因为很长一段时间都在谈本科教育，我个人认为我们国家有非常好的本科生，但是还没有公认的非常顶级的成建制培养博士生的能力。这和科研有关，顶级的科研和顶级的博士培养是循环的过程。未来也可以多在博士生培养上进行思考，思考中国如何成建制地、规模化地培养世界顶级博士。

总结

王延峰：人工智能班主任就像人工智能人才培养的导航员和领航员。未来中国人工智能人才培养承载着重大的历史使命。相信在5位领航人的带领下，我们国家的人工智能人才培养定能把握时代机遇，以坚定的青春模样共赢未来！

万物互联，从"芯"出发

苏 华　　　　　　　　　　　　　　**英飞凌科技全球高级副总裁**
　　　　　　　　　　　　　　　　兼英飞凌科技大中华区总裁

电气工程博士，于2015年2月加入英飞凌，现为英飞凌科技大中华区总裁，负责公司在大中华区市场的整体业务运营。

曾在美国、中国大陆及台湾地区电子行业工作了20年。加入英飞凌之前，先后担任过KLA-Tencor中国区总裁和增长与新兴市场业务副总裁，并帮助KLA-Tencor成功实施了本土化渠道策略。十分熟悉半导体行业，且对相关市场趋势和国家政策有着深入的了解。

今天的题目是"万物互联，从'芯'出发"，与世界人工智能大会的主题"智联世界"是息息相关的。同时我也想与大家分享，在人工智能这个大的生态系统里，我们作为一家半导体公司扮演着什么角色。

首先介绍一下英飞凌，我们在整个生态圈里面处于相对比较上游的位置。最近很热门的话题就与半导体芯片有关，我们也是站立在风口浪尖的企业，现在芯片还是极度紧缺的。

英飞凌是一家百年企业，前身是西门子公司。25年前分离出来成为一家独立的半导体企业。我们主要的业务有四个方面：第一块业务是汽车电子，这主要得益于汽车的电动化、智能化、网联化对半导体日益增长的需求。汽车电子是我们占比最大的业务，约44%。第二块业务是电源管理和传感器，这也与人工智能的很多应用相关。第三块业务是工业应用，包括很多机器人、高铁、光伏和储能产业的应用，这些是我们最主要的几个赛道。第四块是安全互联，在整个人工智能发展过程中，隐私是非常重要的，而我们拥有能非常高效率地保护安全、个人隐私的一些芯片和软件。目前来讲，英飞凌在全球的汽车电子和功率半导体领域基本处于领先地位。

从整个公司的角度来讲，我们的愿景是现实和数字世界的连接。元宇宙对我们来讲更多是应用场景，我们希望跟下游的一些公司、合作伙伴协力，真正在不同的场景来应用这一技术，比如说在智能家居、智能驾驶、智能城市、智能楼宇等场景进行应用，使用我们的芯片把他们现实存在的所有数据接收过来，并通过连接芯片传到数字世界里面去。这个过程中需要经过大数据处理，包括利用AI算力、AI算法，把各种接收过来的信息经过处理之后

再进行分析，最终转换成有用的信息，传达到现实世界以反馈给我们的应用场景，由此使我们的应用场景变为可能。通过我们的产品和解决方案，改善未来出行、物联网和能源效率三大方面，让我们的生活能够变得更加便利、安全、环保，这是我们的目标。

未来能够引领全球科技发展的两大趋势，一个是低碳化，一个是数字化。

首先是低碳化。我们国家提出了碳中和、碳达峰的目标，要减少二氧化碳的排放。目前我们遇到极大的挑战，比如气候变化、人口变迁、资源匮乏，因此我们一定要提高能源效率，同时降低成本。

其次是数字化。数字化能够帮助我们提高生活效率，也能够使我们的生活变得更加智能、更加便利。这些生活的变化，也会给我们产业带来更多的需求，促进整个半导体产业往前发展。未

来低碳化跟数字化是驱动整个产业发展的两大趋势。

尤其在中国,我们观察到的市场机会非常大,大中华区在多个市场都处于领先地位。第一,我们拥有很多头部企业,这与五年或十年前的情形相当不一样,尤其是在大的赛道里,比如汽车,目前中国的电动汽车产量在全球占比第一;比如家电,中国企业也是第一,海尔、美的等这些头部企业,在家电领域处于领先地位。第二,我国的数字化程度都处于全球领先水平。第三,我国有一套完整的生态系统。第四,在很多前沿的科技领域,包括储能、光伏,都有很好的头部企业,能从低碳化的方向引领中国的发展,甚至能够引领全球的发展。目前不管从发展趋势还是整个市场规模来看,这些领先优势都将为产业发展带来很多机会。

在生态圈里最重要的是大家如何合作。我们最主要的策略也是在中国的本土化战略,就是要与各种合作伙伴加强合作。不论合作伙伴体量大小,我们都与他们合作并创造了很多应用场景,并在不断地转型，致力于从一个以半导体研发、生产及从事半导体元器件、技术服务为主的公司，转型成为一个给客户真正提供解决方案的供应商。我们在未来会持续加强跟本土的合作伙伴、客户、客户的客户之间的合作，把我们半导体做得更好，给他们提供更好的解决方案。

WAIC

元力无限，赋能百业

数字金融模拟器

蒋昌俊   **中国工程院院士、同济大学特聘教授**

中国工程院院士，网络计算专家，1995年毕业于中国科学院自动化研究所，获博士学位。曾任同济大学副校长、东华大学校长。现任同济大学特聘教授、布诺内尔大学名誉教授，中国人工智能学会监事长，中国云产业创新战略联盟副理事长等。

长期致力于网络金融安全研究，是我国在该领域的带头人。创立了并发系统行为理论，攻克了交易风险防控瞬时精准辨识的重大技术难题，主持建立了我国首个网络交易风险防控体系、系统及标准，并成功应用于网络经济、数字治理等多个领域。获中国及美国发明专利77件、国际PCT 21件，发表论文300余篇（含ACM/IEEE汇刊72篇），出版中英文专著5本。曾获国家技术发明二等奖1项（排名第一）、国家科技进步二等奖2项（均排名第一）、国际离散事件系统何潘清漪奖等。

一、金融科技进展

金融业经历了从信息化，到网络化、数字化，再到智能化的发展过程，这个过程也是目前信息技术的发展趋势。在发展过程中，金融业经历了传统金融、互联网金融、科技金融，一直到现在的智能金融发展过程。金融形态也在发生根本性变化，现在的银行无论存储款、设备、窗口较以前都有非常大的变化，电子银行也是如此。

中国领先金融科技公司的前50位中，北京占21家，接近一半，上海15家，接近1/3，深圳有7家，杭州有5家。这些城市可以看作中国金融科技中心。从全球视野来看，伦敦、新加坡、纽约、硅谷和香港是全球金融业的中心。

监管在金融里非常重要，监管科技经历了三个阶段：

阶段一：20世纪60年代—2008年，通常由大型金融机构牵头完成监管，著名的"巴塞尔协议"是这个阶段监管的基础。

阶段二：2008—2016年。金融变化日益复杂，监管也要进一步加大对风险的承担，随着技术的发展，监管要求不断得到提高。

阶段三：2016年至今。这一阶段是对金融监管彻底革命性的变化，可以说是对监管规则的重新改写。监管发展过程除了过去线下的金融，现在还有线上金融，还有更多的移动过程金融活动。在这一过程里，监管更为复杂。

金融监管科技的发展状况

- **监管科技1.0 (1967-2008)**：通常由大型金融机构牵头，将量化风险管理纳入内部流程，降低合规成本和复杂性，标志为"巴塞尔协议II"。

- **监管科技2.0（2008-2016）**：2008年全球金融危机后，金融监管日益复杂，监管改革进一步减少了金融企业的风险承担、盈利能力和业务范围。复杂和冗长的监管浪潮大幅增加了合规成本。金融机构利用监管科技优化合规性管理。

- **监管科技3.0（2016-）**：重新定义金融及其监管，构建更好的金融系统。标志为英国FCA提出的"监管沙盒"。监管科技和金融科技以数据为中心的理念将推动监管观念模式从"知晓客户"到"知晓数据"。监管机构亟需进一步加强数据驱动的监管，加快高效创新。

> 监管科技发展的前两个阶段主要是由旨在降低合规成本的行业参与者推动的，未来可能由希望提高监管能力的监管机构推动。

监管科技 1.0 - 2.0 代表了监管过程的数字化，监管科技3.0是关于数字化时代的监管框架设计。

二、金融风险

金融风险是一定量金融资产遭受损失和危害的过程，影响了金融过程的正常活动。而系统性金融风险是具有全局性、整体性的金融变化，所以整体性变化是我们面临的重大挑战性问题。

从中央领导到各个部门和省份，对金融风险都给予了高度重视。从党的十九大开始，总书记在多种场合强调要防止系统性金融风险的发生，现在金融业本身也在发生革命性的变化，目标是解决金融过程的风险问题。但传统来说，金融和经济属于社会科学的范畴，早期比较少地应用信息与通信技术手段服务于金融风险的防范。

最近这些年出现了科技方面的进展，像英国的"沙盒监管"，早期从伦敦金融发展出来，现在在金融业广为使用。基本思想是划定范围，在过程里始终把范围里的金融活动做梳理，做分析，做治理，是封闭的环境。

美国财政部对金融变化也非常关注，传统金融中美国独大，整体国际规则几乎都是由他们来制定的。在发展过程里，出现了很多问题。互联网出现以后，金融业形态发生了根本性变化，不再仅仅是线下的金融，也发展了线上金融。尤其在中国，大家出行带手机什么问题都能解决。历史的变化为我们提供了很好的机遇。

对于经济金融类活动规律的研究，学术界也有新的变化。比如说有计量金融，诺贝尔经济学奖得主纽约大学 Robert Engle 教授从尾部效益、传播波动性机理来看待经济金融的规律。还有"智能个体组成的网络"来模拟金融主体参与金融活动的表现。

从系统性、可测性、演化性来看，如何精准把握金融规律的变化？可以说，金融规律背后都是人跟人的交易/交往/博弈关系。

现在对金融的研究手段更为丰富，包括像现在的云计算、大数据、物联网、人工智能、元宇宙，为我们提供了很多新的手段

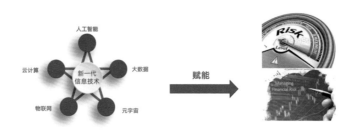

新一代信息技术带来的可能性

▲随着先进信息技术的发展，特别是"云大物智元"等新一代技术发展
▲为系统性金融风险精准建模分析提供可能，其意义重大

人工智能　大数据　元宇宙　物联网　云计算　新一代信息技术　赋能　RISK

和新的方法。其中，关键是怎么能够赋能金融，防止金融危机的发生。

三、数字金融模拟器技术

所谓模拟器，就是要把金融业的现实世界和金融业的原生形态集成在一个环境里，模拟器的架构分为三个层次：

一是顶层，属于主要金融机构的顶层设计，包括中央银行、财政机构。

二是中层，属于全国性银行、国家金融交易的组织。在过程里有中国工商银行、中国银行以及交易单位。

三是底层，属于各种商业行为的单位，包括商业银行、交易单位等组织。

能不能把真实世界的内容同时在数字世界建立映射，并建立

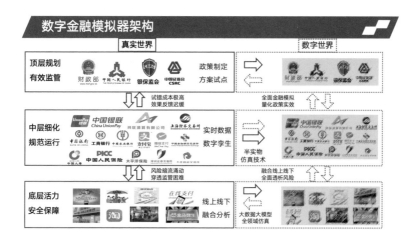

金融交易活动准则和形态，由此在两个世界（物理世界、数字世界）里进行互动？数字人民币的出台第一期选择了四个城市，包括深圳、苏州、成都等。试点经历了半年的时间，看准则、规则在市场上的反应如何，哪里还有问题，需要把问题收集起来进行分析改进，最后出台正式文件。前后至少要经历大半年的时间。如果有了模拟器，就无需采取这样的方案。模拟物理形态，模拟真实虚拟对应的载体，形成虚实对应的关系，还可以设置多种不一样的政策体系。我们需要有模拟器核心技术，如数字金融模拟器的处理器，并完成交易准则制定、应用场景设计。有一部分可以是真实世界接入环境，另一部分可以用虚拟场景技术、虚拟模拟技术仿照过程，从而形成虚实共融的环境。在环境里，可以很快做到在物理世界大范围的模拟，由此对多种金融规则进行试点示范。

因此在顶层政策层、中观抽样层、具体操作层之间的逻辑关

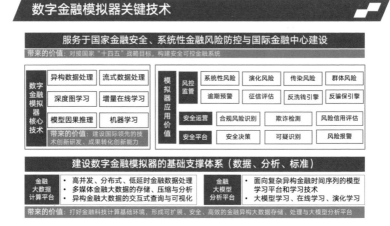

系，由此分析风险评估、风险演化关系，以及系统性风险所表现出来的是什么样的特征。

在过程里，可以进行大数据训练、认证和验证过程，从而对金融风险进行评估、分析。物理世界很难全面地仿制过程，而在虚实结合的世界里，完全可以设置一些方案，通过传统数据结合现行数据在环境里测试。最后看在什么情况下表现出一些断尾效应、短波效应。

总体来看，认证研究有很多好的方面。最重要的一点是，我们不再需要半年以上的时间却只能实现有限场景的模拟。利用模拟器进行大面积仿真成为可能，从而可以通过观察模拟结果，制定相关的政策和规则。希望通过这样的形式，以现在的数字技术来研究传统在金融业里的困难问题。

AI科学赋能产业

张亚勤　　　中国工程院外籍院士、清华大学智能产业研究院院长

清华大学智能科学讲席教授，清华大学智能产业研究院（AIR）院长。2014—2019年担任百度公司总裁。出任百度总裁前，曾在美国微软公司工作16年，历任全球资深副总裁兼微软亚太研发集团主席、微软亚洲研究院院长兼首席科学家、微软全球副总裁和微软中国董事长。

数字视频和人工智能领域的世界级科学家和企业家，拥有60多项美国专利，发表500多篇学术论文，出版11本专著。发明的多项图像视频压缩和传输技术被国际标准采用，广泛地应用于高清电视、互联网视频、多媒体检索、移动视频和图像数据库领域。世界经济论坛达沃斯人工智能委员会委员、未来交通指导委员会委员，并担任全球最大自动驾驶技术开放平台Apollo联盟理事长，也是联合国开发计划署（UNDP）企业董事会董事。

中国工程院外籍院士、美国艺术与科学院院士和澳大利亚国家工程院外籍院士，也是美国国家发明院（NAI）院士、欧亚科学院院士和中国人工智能学会会士。1997年被授予IEEE会士，成为历史上获得这一荣誉最年轻的科学家，并于2004年获得IEEE技术先锋奖。在十余所世界顶尖高校担任校董、荣誉或客座教授，并在4家高科技公司担任董事。

人工智能已经成为产业和社会变革的重要技术引擎，我想围绕"AI+生命科学"这一主题介绍生物世界正在发生的数字化和智能化新变革，并分享研究院在这方面的科研进展。

首先简单介绍一下 AIR，AIR 在 2020 年底成立，是面向第四次工业革命打造的国际化、智能化、产业化研究机构，使命是用人工智能的技术创新赋能产业、推动社会进步。要实现这个目标，最重要的是打造学术和产业创新的新引擎。

我们特别幸运，成立不到两年的时间，就在全球范围内吸引了一批既有高深学术造诣，又有丰富产业背景的人工智能方面的领军人物。同时也建立了和产业的深度合作，包括百度、亚信、小米、万国这样的企业，也包括和像上海人工智能实验室这样实验机构的深度合作。

我们选择了三个研究方向，即智慧交通、智慧物联、智慧医疗。我认为这三个方向会对产业带来深度影响，具体的产业应用领域有自动驾驶、绿色计算、AI+生命科学等。

生命科学、生物世界正在快速地步入数字化3.0时代，基因测序、高通量的生物实验、脑机接口、生物电子芯片，使得大脑在数字化，身体器官在数字化，基因细胞、蛋白质也在数字化，这就产生了海量的数据，数据加上新的AI算法和大的算力，我们正在形成一种新的智能科学计算范式，把它称为"第四范式"。

第四范式也正推动着生命科学和生物、医疗领域向着更快速、更精准、更安全、更经济、更普惠的方向加速发展，人工智能在蛋白质结构预测，CRISPR基因编辑，抗体、TCR、个性化疫苗研发，精准医疗、药物设计等方面的研究已经成为国际前沿战略性

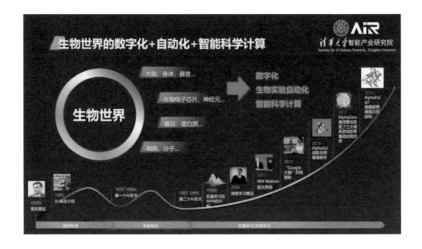

的研究热点。

如果从产业角度来看，2015年之后全球的头部制药企业均加速了和AI技术公司研发合作的脚步。特别是最近五年，AI在生物科技方面的投资金额大幅度增加，已经涌现了一大批独角兽企业。在中国，医疗行业也正在经历从仿制药到创新药的转型，人工智能在转型的过程中也会发挥重要作用。

AIR建立了一个很强的团队，我们也选择了三个方向：

（1）数字治疗（Digital Therapeutic）和数字药（DTx）；

（2）AIDD，大/小分子药；

（3）基因疗法或者基因药。

这里面都运用了大量的AI算法和数据。

下面举几个AI+生命科学的例子。

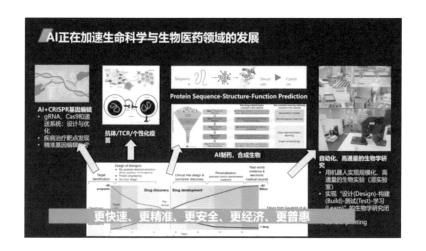

1.脑机接口的数字疗法

这是杭州BrainCo公司做的研发，采用非侵入式脑机接口，这是具有挑战性的，因为这需要精准地检测到特别微弱的大脑皮层信号，差不多50微伏。这时人工智能算法，包括智能学习和大规模预训练模型，就有了用武之地。在脑疾病的研究中，脑电数据是一种模态，在不同的疾病中，大脑的自发性电位会有异动的波动，可以得出疾病和脑电之间的关系。

除了脑电数据，还可以将不同模态的信息，比如肌电信号、心电信号结合在一起，利用AI的算法进行关联分析，形成一种训练的软件，也就是数字药。再加上智能仿生，可以运用到多种场合。比如让失去手臂的姑娘可以弹钢琴，另外数字药对自闭症、失眠症、阿尔兹海默症都具有一定的疗效。

2. AIR数字疗法

这两个例子是AIR聂再清教授研发的，第一个是妊娠糖尿病（GDM）数字疗法，这是和智源人工智能研究院、北京大学第一医院妇产科共同研发的。众所周知，妊娠糖尿病的发病率高达17%左右，如何通过个性化的膳食推荐、精准的营养管理和健康管理，做到早期检测、提早预防，变得相当重要。

另外一个例子是我们和清华大学长庚医院、丰田研究院合作的项目，以高血压、冠心病、心房颤动、心力衰竭四类慢性心血管疾病为例，聚焦心血管疾病的早期预防与主动干预。这些疾病使用的方法都很像，就是需要收集包括用物联网技术获取大量的数据，构建疾病的健康营养知识图谱。有了数据，加上各种各样的AI算法，用个性化的健康推荐引擎对患者的健康和习惯进行监测、管理和预防。

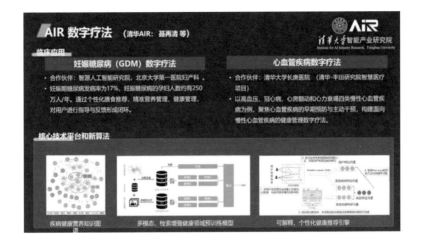

3. 蛋白质结构预测

大家都知道，AlphaFold 2是AI在生命科学中的典型应用范例，我认为这也是AI在生命科学中最成功的案例。它的成功因素主要来自两个方面：

（1）任务的特殊性。蛋白质结构的预测，可以看作从一维的氨基酸序列到三维结构的映射问题，这本身是一个可以获得诺贝尔奖的科学问题。

（2）模型的优越性。首先我们有了大量的数据，生命科学的研究积累了很多数据。另外，CASP（Critical Assessment of Protein Structure Prediction，蛋白质结构预测竞赛）的比赛差不多已经举办了30年，每次比赛都会开放各种各样的数据。

AlphaFold 2整个模型的架构充分利用了数字驱动的端到端的深度学习模型，MSA、Transformer等都是端到端的，确实是科学新范式的典型场景。最近在AlphaFold 2的基础上有很多新的工作，比如研究院的彭健博士所做的OmegaFold，由于数据本身用了一个序列，因此得以达到很好的效果。

另外最近AIR的兰艳艳教授有新的预测模型叫AIRFold，基于信息熵的共进化信息表达和抽取，基于融合序列、结构性同源蛋白系列和模板的搜索，也用了多构象的检索并生成了一些核心技术。在Casper、CAMEO公开榜单连续三周获得冠军，这些都超过了原来AlphaFold 2预测的精度。

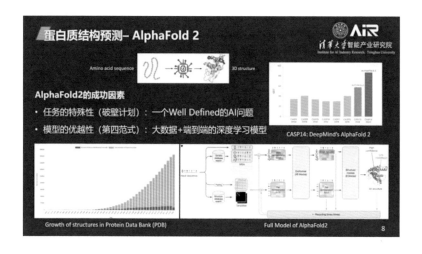

彭健教授的OmegaFold也在不同的月份、不同的周都取得了冠军，所以我认为这方面也有很多新的进展。不仅如此，我们还有把AI用于抗体设计的案例。彭健教授和清华大学医学院的张林琦教授、华深智药公司合作，这是第一次把AI的算法用到抗体方面的设计，特别是用于新冠病毒的抗体开发，其中用到深度图网络、计算和实验的抗体设计的融合，设计了一个平台，当出现一

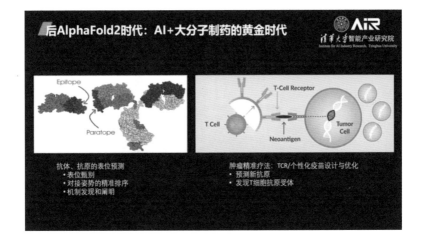

个抗体之后，它就可以用各种不同的算法开发更有亲和力、更广谱的抗体，希望这项研究能尽快进入临床。除了抗体生成，我们在小分子药物生成、分子构象预测方面也做了大量的工作，暂且不做赘述了。

AlphaFold 2仅仅是个开始，它的成功正在开启了一个新的时代。一方面，蛋白的精确预测为生命科学提供高效的计算工具，也为基于AI的重大生命科学发现提供了可能，未来抗体、抗原的表位预测，肿瘤的精准疗法，TCR、个性化疫苗设计与优化等方向都会成为研究的热点，并在驱动新的计算模式下取得更多的进展。所以我认为，AI+大分子制药的黄金时代正在到来。

未来，我们在研究过程中肯定还会遇到一些新的科学挑战，它们也预示着有新的方法。比如干湿融合的闭环式计算框架，一方面AI的模型可以通过高通量、多轮湿实验的闭环验证和数据补充，变得更加智能；另一方面，通过主动学习或强化学习等方式，

AI将主动规划湿实验的自动化进行，形成了干湿闭环验证，迭代加速生命科学发现与产业的应用。不难预见，通过干湿闭环打通，生命科学的研究和生物、医疗的产业将迎来新的科研和产业模式。

我们认为，生物世界处于数字化、自动化和智能化科学计算的新变革。用计算的方法对人工智能和数据驱动的第四研究范式来辅助人类探索并解决生命健康的问题，将会成为重要的方向。

未来需要学术界和产业界共同推动生命科学、生物医学、基因工程、个人健康各领域从孤立、开环向协同、闭环发展，实现更快速、更精准、更安全、更经济、更普惠的生命科学和生物医学创新模式。当然这其中还会遇到很多挑战，比如算法的透明性、可解释性、隐私、安全、伦理等。

机器学习——创造更健康和无障碍的未来

葛 越　　　　美国苹果公司副总裁、大中华区董事总经理

现任美国苹果公司副总裁及大中华区董事总经理，负责领导并协调苹果公司在大中华区的团队。

于2008年加入苹果公司，担任无线技术副总裁，专注于几乎每一款产品的蜂窝、Wi-Fi、蓝牙、NFC、定位和运动技术的开发。在为iPhone和iPad开发具有中国本土特点的功能方面，发挥了至关重要的作用。

于2019年被任命为星巴克董事会的独立董事，并在提名和公司治理委员会任职，还是中国发展研究基金会下属的中国儿童发展基金会管理委员会的成员。从2018年起，连续4年被《财富》杂志评为国际商界最具影响力的女性之一。

任职苹果公司之前，曾在Palm担任无线软件工程副总裁，并在其他无线技术公司的技术与管理岗位担任重要角色。拥有加拿大西蒙弗雷泽大学电气工程学士学位和硕士学位，以及加利福尼亚大学伯克利分校的工商管理硕士学位。

在苹果，我们希望产品能够帮助人们创新创造，提供人们日常生活所需要的一些帮助。机器学习在这里扮演着极其重要的角色，它可以更好地发挥我们软硬件结合的强大功能，在各个方面改善人们的生活，我们已经无数次看到了它巨大的能力。今天我想深入探讨机器学习在改善人们生活方面有两个潜力特别明显的功能：无障碍功能和健康功能。

我们会探讨一些由机器学习帮助实现的功能，其中一些功能是专门为残疾人和有特殊需要的人士设计的，另外一些功能则可以帮助各行各业的人，让他们过上更健康的生活。但是与任何一项技术一样，机器学习不能单独地发挥作用，所以我会从帮助苹果成为如此强大工具的创新说起。

在苹果，我们始终关注产品设计的整体性，无论是我们产品的硬件还是软件，我们一直坚信设计和集成要同步进行。而这种整合的一个极佳的例子就是苹果芯片。它通过强有力的性能和优异的电池寿命，帮助实现了一些强大的新功能。神经网络引擎是这项创新的关键一环，它专门为机器学习所构建，在运行机器学习模型的时候非常强大，也非常高效。

当然我们尖端的机器学习模型不仅仅依赖于强大的芯片，还需要非常高质量的输入，比方说触控、动作、声音和视觉等信息。我们将强大的传感器集成到我们的设备中，这些传感器可以为我们的机器学习模型提供快速和高度准确的信号。

把这些传感器、最先进的机器学习模型，以及强有力的芯片，这三者相结合，我们就设计出完全可以在终端设备上运行的功能。每个功能都在我们量身定制的硬件上面运行，从而最大限度地提高效率，在不消耗太多电力的情况下获得最佳性能。由于不需要高速的网络连接，功能的表现也就更加稳定可靠。尤为重要的是，因为没有数据需要离开终端设备，那么隐私会得到非常好的保护，这个优势对于健康和无障碍功能是尤其重要的，因为就这些功能来说，出色的用户体验离不开效率、可靠性和隐私保护。

让我们先从提供无障碍帮助的辅助功能谈起，我们相信世界上最好的产品应该满足每个人的需求，无障碍是我们的核心价值观，也是贯穿所有产品的一个重要部分。我们致力于制造真正适合所有人的产品。我们知道机器学习能够为残疾用户提供独立性和便利的服务，包括视障人士、听障人士、有肢体以及运动障碍的人。

先从苹果手表说起，苹果手表上的辅助触控功能允许上肢行动不便的用户通过手势来控制苹果手表。这个功能将设备上的机器学习与来自苹果手表的内置传感器的数据相结合，帮助检测肌肉运动和肌腱活动的细微差异，从而替代了轻点显示屏的做法。通过包括陀螺仪、加速度计和光学心率传感器的信号，用户可以用捏合或握拳这类的手部动作来操控苹果手表。

接下来我们来说说AirPods Pro。AirPods Pro结合了苹果的H1芯片和内置麦克风，通过机器学习带来强大的听力体验。AirPods Pro上的对话增强功能通过机器学习来检测并放大声音。如果你在嘈杂的餐厅与人交谈，对话增强功能可以聚焦你面前的人的声音，让你听得更清楚。值得一提的是，该功能只需要在终端设备上即可运行。

最近在iOS16发布了门检测功能。门检测功能结合了LiDAR扫描仪、摄像头和终端设备上运行的机器学习，来帮助视障用户确定门的位置，探测人与门的距离，并且判断门是开着还是关着。它甚至可以读取门周围的标志和符号，例如办公室的房间号，或者无障碍入口的标志。用户还可以把门检测与人员检测的功能结合在一起使用，帮助视障人士在公共场合自由地活动，识别附近是否有人，从而保持社交距离。

这些只是机器学习给残障人生活带来实质性影响的几个例子。结合芯片、传感器技术和基于终端设备的机器学习这三者的进步，帮助我们产品更容易使用，也帮助用户更好地与外界互动。

健康是我们关注的另外一个充满潜力的领域。在改善人们生活的方面，技术可以发挥重要的作用，让我们的身体变得更健康，并且鼓励人们用健康的方式来生活。

我们机器学习和传感器技术可以提供有用的健康信息，让用户通过日常行为的"小改变"，逐步实现整体"大健康"。我们始终确保这些健康功能经得起严格的科学验证，切实保护用户隐私始终是我们的重中之重。

举个例子，2022 年秋季我们将推出的 watchOS 9 包含一个新的"睡眠阶段"功能。它能帮助大家更好地了解自己的睡眠状况。苹果手表里面内置了心率传感器和加速度计，通过这些传感器的信号，苹果手表可以检测用户究竟处于快速眼动、核心睡眠还是深度睡眠阶段，并且提供睡眠呼吸的频率和心率等详细指标。另外，摔倒检测调用了苹果手表中的加速度器和陀螺仪，通过机器学习算法，可以识别严重的摔倒。通过分析手腕轨迹和冲击加速度，苹果手表能在用户摔倒后发送警报。当然，我们想要更进一步，想办法在用户摔倒之前就能够提供支持和帮助。为此我们创

建了步行稳定性这个功能，这是一个首创的健康功能，通过用户走路的时候，iPhone 产生的数据，可以观察到他们摔倒的风险有多大，这些信息可以帮助人们逐步改善行动的能力，从而降低摔倒的风险。

虽然我们在健康领域的探索才刚开始，但是我们已经看到，机器学习和传感器技术在提供健康的洞察、鼓励健康生活方式等方面是潜力无限的。

所有这些功能都为了实现我们创造更美好生活的使命。我们对机器学习的未来充满希望，我们坚信它可以激发更多的创新，从而改善人们的生活。它可以帮助我们了解我们的身体状况，养成更健康的生活习惯；它可以降低技术的使用门槛，让外部世界变得近在咫尺；它还能更好的保护我们的隐私，让我们对技术充满信心。

在苹果，我们努力创新，给用户赋能，让科技成为改善人们生活的力量。我们很高兴在这条道路上继续上下求索，利用机器学习帮助所有人实现一个更健康、更可及的未来。

数实融合，全真互联
助力产业升级

李　强 　　　　　　　　　　　　　　　　　　　**腾讯公司副总裁**

现任腾讯公司副总裁、政企业务总裁，全面负责公司政务、工业、能源、农业、文旅、体育、地产、运营商等板块及区域团队管理与业务拓展，致力于运用最新的数字技术，充分结合政府、企业的数字化需求，提升政务公共服务及社会治理效率，加速企业的业务成长创新和转型升级。

于2021年5月加入腾讯，进入腾讯前曾任SAP全球高级副总裁、中国区总经理。拥有20余年IT从业经验，对商业软件、云计算以及创新的商业模式有着非常前瞻和深入的理解。2018年，担任第十三届上海市政协委员，并被评为"中国ICT产业十大影响力人物"。2019年，受聘担任陕西省人民政府国际高级经济顾问，对外经济贸易大学客座教授，并获《经济观察报》评选的"2019年度中国受尊敬企业家奖"。2020年，受聘担任重庆市市长国际经济顾问。

　　我分享的主题是"数实融合，全真互联助力产业升级"。

　　过去一年，元宇宙概念席卷全球，有几个标志性事件：一是Facebook更名为Meta，微软耗资687亿美元并购了游戏公司暴雪；二是中国各级政府部门也积极出台了很多政策，推动元宇宙在中国的发展。上海市发布了《上海市培育"元宇宙"新赛道行动方案》，预计到2025年上海的元宇宙相关产业规模达到3 500亿。16个省市在"十四五"规划或政府报告中出台了18个与元宇宙相关的文件，有6个省市直接出台了推动元宇宙发展的相关扶持政策。元宇宙在中国欣欣向荣，蓬勃发展。

　　近期腾讯发布了《全真互联白皮书》，罗列了五大核心技术，从算力、协议、智能、孪生到交互，既包括核心的关注技术，也

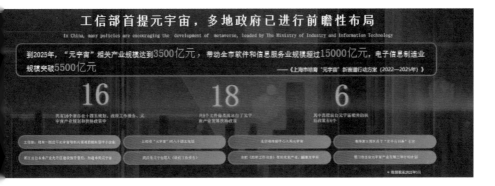

有前沿应用类的技术，以及潜力无限的突破技术。从云计算、区块链、数字孪生、XR到量子计算等很多领域，腾讯在这些方面都有纵观全局的规划。

腾讯做了大量技术铺垫和积累，利用游戏的科技在虚拟空间模拟物理空间的复杂地形，对机器人进行训练，大幅提升机器人训练的效率。

腾讯对于元宇宙还是持谨慎和务实的观点。在刚刚结束的腾讯财报分析师会议上，腾讯董事会主席兼首席执行官马化腾先生也做了阐述，对于现在比较热门的元宇宙概念，腾讯更多的是从数实融合的角度来看，而不是从纯虚拟的视角，比较关注的是全真互联的概念。

从底层来看，前不久我们刚刚成立了XR业务线，全面布局软件、硬件、内容、生态、平台各方面；我们在AI领域有多个业界领先的实验室，包括在上海的实验室；在人工智能专利方面处于中国互联网行业前列；大数据平台每日实时计算量高达65万亿次，拥有中国最强的算力。

在实践中，腾讯正与宝钢股份结合实时云渲染、视觉动捕、虚实互动、AR/VR交互等游戏技术，为宝钢热轧部建立工厂级孪生服务，最终打造全息3D裸眼效果的"全真互联数字工厂"；在航空产业，腾讯与南航集团全资子公司珠海翔翼航空技术有限公司达成合作，基于游戏引擎能力，利用物理真实的光照和渲染等游戏技术，共同研发国产全动飞行模拟器视景软件系统，攻克研发国产全动飞行模拟器视景关键技术，以数字化助力国产全动飞行模拟器研制，加快推动国产全动飞行模拟器高质量发展；在助力文化保护方面，"数字长城"实现对喜峰口长城的毫米级还原，最终生成了超过10亿面片的超拟真数字模型，成为前沿科技和数字技术在文物保护领域实现创新应用的标志性范例。

当前，数字科技已应用到各行各业中，助力数字化升级。腾讯也不断夯实底层技术能力，推动全真互联的技术革新，助力数实融合。

飞天智算·智联世界

蔡英华　　　　　　　　　　**阿里巴巴集团副总裁、阿里云全球销售总裁**

现任阿里巴巴集团副总裁、阿里云全球销售总裁。负责国内销售业务并分管国际业务，通过云上数字创新技术助力各行各业数字化转型升级，实现客户价值增长。

在数字计算技术与企业经营管理领域，具备多年的企业数字化一线实战经验，有深入的行业理解、技术积累与客户服务能力沉淀。在加入阿里巴巴之前，曾任立邦中国建筑涂料事业部总裁、华为技术有限公司EBG中国区总裁。

拥有兰州大学计算机与软件专业学士学位、清华大学经管学院EMBA学位。

随着数字经济蓬勃发展，人工智能被广泛应用到生产与管理中，由此智能计算需求快速攀升。我国智能算力在算力总规模中的占比，由2016年的3%提升至2020年的41%，增速高达149%。预计到2023年，新增算力中智能算力占比将达到70%～80%。

人工智能产业的发展离不开强大的算力基础设施网络。作为全球前三、亚太第一的云厂商，阿里云不仅在四大洲28个区域、85个可用区建立了遍布全球的算力网络，同时在张北启动建设全球规模最大的智算中心，并对外开放其技术底座"飞天智算"平台。

通过从大数据AI一体化平台到算力基础设施的体系化技术创新，阿里云解决了智能计算的损耗难题，算力资源利用率提高

3倍以上，AI训练效率提升11倍，让各行各业都可基于云上的融合算力，以更低成本、更高效率进行数字化转型升级，实现产业高质量发展。

上海作为人工智能产业发展的桥头堡，阿里云深度参与其中。据统计，阿里云通过云上的融合算力已服务上海9万余家企业机构，特别是积极参与上海"3＋6"新型产业体系的构建。在汽车产业领域，上汽集团运用阿里云高性能计算，将工业仿真的效率提升了25%，旗下智己汽车在阿里云上进行智能驾驶模型的训练优化，训练效率提升70%；在生物医药领域，药明康德与阿里云合建基因分析平台，基因测序效率提升40%；光明乳业、百威等知名消费品通过建立大数据平台，提升管理效率和数据处理能力。

在核心技术方面，阿里巴巴旗下半导体公司平头哥在上海设立了研发团队，研发方向涵盖通用计算芯片、人工智能推理芯片、RISC-V处理器IP等全栈芯片产品，实现了芯片端到端设计链路全覆盖，助力上海打造集成电路产业高地。

此外，阿里云创新中心在上海建设了4个创新基地，在生物医药、集成电路、人工智能等多个方向，共引进近400个项目，培育高新技术企业50多个；通过与复旦大学、上海交通大学、华东师范大学、同济大学等知名高校联手，在科技研发、智慧教育、人才培养、就业实践等多个方面开展产学研深度合作。

《上海市数字经济发展"十四五"规划》指出，到2025年上海数字经济规模要达到3万亿，占全市生产总值比重大于60%。未来随着阿里云华东智能算力中心的落成，将为上海产业发展提供更好支持。

　　算力是数字经济时代重要的基础资源,其未来发展呼唤体系化的技术创新。阿里云将坚定投入核心技术攻坚,同时也会持续将核心技术、高精尖人才、市场资源集聚上海,全面开放技术生态,与各界伙伴联合共建世界级人工智能产业集群。

跨次元茶话会：破壁穿行，
元宇宙赋能产业新生态

张启煊   **影眸科技首席技术官**

上海科技大学智能视觉与数据中心在读研究生，Z世代创业者，创立了数字
人底层技术公司影眸科技，并担任首席技术官。主要从事数字人底层技术与
生成技术研究，带领团队研发了穹顶光场等核心技术，数项科研成果被国际
顶级学术会议接收。

廖春元

**亮风台联合创始人、董事长、
首席执行官**

知名AR视觉交互专家，ACM国际人机交互学会中国分会副主席，清华企业
家协会长三角分会副主席。上海市浦东新区政协委员，浦东新区工商联副主
席，首届浦东新区民营经济高质量发展"智囊团"专家成员，海尔"虚拟现
实技术工业应用联合实验室"首席专家。

2015年被评为国家级海外高层次人才引进计划特聘专家。2016年，成为
"十三五"国家重点专项科研项目"人机交互自然性的计算原理"核心骨干，
并于2019年获中国电子学会科技进步一等奖个人奖。

曾获清华大学计算机系学士和硕士学位，美国马里兰大学计算机系博士学位。
专注研究移动AR核心技术，迄今为止，在国际学术期刊和会议上发表论文
60余篇，获国内外发明专利授权40余项。

姜　迅　　　　　　　　　　**云从科技副总裁、数据研究院院长**

大数据及人工智能行业专家，在医疗健康、电商、广告、支付、视频、文学等多领域拥有20年实践经验。先后主导搭建阿里巴巴数据中台、盛大集团数据中台、平安好医生数据中台。曾任平安好医生创始副总裁、平安健康保险IT副总裁、数据模块及慢性病BU副总裁，盛大数据中心高级总监、盛大创新院中国院院长，阿里数据仓库首席架构师、技术总监。

数字人+应用场景

　　张启煊：数字人可以分为两类，一类是基于现实世界产生的数字人，这一类数字人往往是现实世界某个人的复制与替身；另一类则是完全诞生于元宇宙的虚拟数字人，它被赋予了人的长相，在人工智能技术的加持下它还可以具备人的情感，甚至是人的智能。数字人最早的雏形是电影工业中的数字替身，作为现实演员的延伸与替代出现在影视作品中。随着计算机影像学、计算机图形学的发展，数字人逐渐作为偶像以独立的"人设"存在。虚拟数字人的诞生也推动了以智能客服助理为代表的在特定场景应用的服务型数字人的发展。在元宇宙时代数字人有望成为每个人的数字身份，身份型数字人将成为元宇宙的基础设施，大家可以在不同的元宇宙应用不同风格的数字人。

元宇宙中人工智能技术与虚拟人、人的代际关系

张启煊：在未来元宇宙中，人工智能技术与虚拟人，以及与人的代际关系是怎么样的呢？

姜迅：人工智能正在做的绝大多数工作是把线下行为一比一投放到线上。我们在网上每一次的点击，现在都通过视觉技术以及ID，把线下的行为投影到线上去，同时线上的ID，会把我们线下的行为进行不断的累计，可能有一天线上的数字人会完全复制线下人的行为，也就是说他们之间形成了对应。数字人，有两个含义：一个是对于用户来说的数字人，另外一个对象是作为服务者的数字人。比如说柜台营业员，他也是数字人，以用户数字人形态跟另一端数字人形态在交互。个人的数字人已经能够复刻很多行为，由此AI技术在这个过程中会把很多日常工作处理掉，比如说订火车票，不需要打开网页点击。各种AI技术会将你在线下的行为由数字人以助理的形式帮你完成。对于企业来说，可以有一个通过AI驱动的数字人来提供服务，如今我们还无法达到百分之百的服务都由机器人来完成，所以很大程度上是一部分服务由足够智能化的机器完成，另外一部分服务还会通过人来完成。这个过程中，AI的发展就是不断地把机器做不到而必须由人提供的服务，通过技术的进步最终由机器替代掉，这个服务能力会从原

来的8小时变成7×24小时，如此服务会有更大的提升，最终是两个机器人进行最后的交互。

元宇宙对青少年的影响

张启煊：在移动互联网时代，您觉得元宇宙会给我们下一代的孩子们带来怎样的影响呢？

廖春元：首先，每个时代的人有自己所处的环境，可能我们"70后"这一代人与现在的"10后"受到的环境影响完全不同。现在"10后"，更像"元生"的一代，他们在很多时候对虚实之间的界限很模糊，然而像"70后""80后""90后"，很多时候把物理世界和虚拟世界区分得比较清楚。新世代的孩子们除了模糊这两个世界的界限外，很多人的视野相对更集中，他们大部分的时间花在线上的虚拟世界，所以是完全不同的人生体验。

另一方面，在当今元宇宙的时代，得益于我们无限丰富的想象力，虚拟世界也可以是各种各样的，它超越现实，多元化并且普遍个性化。其实超越现实的虚拟体验一些成本也比较低。有些场景，虽然我没有亲身经历，但是我们亲眼见证年轻一代的确是这样过来的，而且很多时候新的内容形态说教的部分少一些，培育的部分更多。我们真正地了解"元生代"会发现，他们满足心理诉求的需求会更强，因而这方面的引导可能与上一代的教育不太一样。

元宇宙 + 虚实结合

张启煊：元宇宙在虚实结合方面，如何实现以虚促实的功能？

姜迅：元宇宙事实是由比特技术构建的数字世界，最近谈到元宇宙可能更多是讲它的交互方式，从计算机鼠标，到触屏，到AR、VR，到脑机接口，入口方式的不断变化使人们对数字世界的沉浸感会越来越深入。但是由于最终我们所有的能量还是来自物理世界，有时候我会讲在元宇宙里可能这个世界是熵减的，因为我们有大量的技术会让这个世界的无序度降低。会不会有一天我们在元宇宙里的技术进步会减少我们在现实世界的能量消耗。例如能效的提升，可能我们在那个世界里面会找到更好的一些方案，来指导我们线下的世界更好地提升效率。因为在元宇宙的世界里可以有多个平行世界，比如说我们做游戏可以存档、读档。补充一点，我觉得元宇宙有四个特点：第一个特点，对于空间来说是非常近的，可以没有延迟地到达。第二个特点，对于时间来说，元宇宙在局部是可逆的，可以回到一个时间点，然后再往前走，在元宇宙的世界里时间是可以移动的。第三个特点，元宇宙对数字世界来说是可复制的，这也就意味着生产资料可以不断地被复制出来。现在，物理世界的生产资料是不可复制的，这决定了我们现在的交易模式只能是一手交钱、一手交货，这是一个零和游戏，在元宇宙世界里面生产资料是可以复制的，最终演变成一个多赢的模式。最后一点，元宇宙里，很多技能都是可以被加载的，这就让我们在未来不需要花很多时间去学习那些可以被加载的技能。

我经常说我们家孩子，他其实不需要过多学习英语，因为以后有AR眼镜，他只要把母语学好了，AR眼镜的翻译功能可以让我们掌握外语能力。围棋、开车、外语可以像一个模块被摘录进来，这样的话我们可以有更多的时间学习逻辑、数学这些更底层的技术，由此可能整个人类的效率都有更大的提升，因为很多技能都能够被加载过来。

元宇宙的大背景下的AR与最初研发阶段的AR最大的区别

张启煊：2012年开始做AR和现在在元宇宙的大背景下做AR，最大的区别是什么？

廖春元：我感觉AR真正完成了从技术到产品、到商业的整个过程。我们有幸从2012年到如今这整整十年的时间里，完整经历了中国AR产业从无到有，再到现在大家广为人知的历程。首先这是必然的趋势，由第一性原理推动，你会发现越靠近自然的操作，如3D、虚实融合，实际上都是大脑认知负载下降驱动的结果，我觉得这是亘古不变的。从计算机的出现到现在的AR，无一不遵循这一科学原理。

两个时间段的不同，有一个显而易见的现象来佐证，2014年、2015年我们逐步接触到AR应用，在手机上抢AR红包，对当时的人们来说，是一个好玩的体验。然后，我们发现产业开始应用

AR，不管是工业、文旅之类的产业还是城市治理。紧接着，我们"蓦然回首"发现它早已深入生活的各个方面，这个过程中市场也在不断地被加深"教育"。底层技术、网络技术、AI技术、显示技术、芯片等产业的发展，都在推动AR的发展。就像我们常提的，"不要过度高估两三年的变化，也不要低估十年的变革"。AR其实仍然代表一种典型的新兴技术，现在的它对普通大众可能就像手机刚刚兴起时一样，大家知道它有用，但是又觉得现在不太成熟，有各种各样的问题。但是我们相信这个赛道是对的，如今蓄势待发，生机勃勃，我们相信如果在这个赛道上保持领先的位置，未来一定会走向繁荣。

企业元宇宙漫游指南

吴　淳　　　　波士顿咨询公司董事总经理、全球资深合伙人、
　　　　　　　　　　　　　　　　中国区执行合伙人

波士顿咨询公司（BCG）中国区执行合伙人，负责各行业组在中国区的业务发展。

BCG全球优势专项的专家，在协助跨国公司和大企业制定中国本土化战略、推动可持续影响力方面拥有丰富的经验，包括进入中国市场、中对中（China-for-China）和运营的相关战略。针对中企出海的话题，近期发表的"扬帆远航"系列文章受到了广泛关注。

在执掌BCG中国区之前，是BCG医疗健康专项中国区负责人。曾为多个跨国和本地医疗行业客户提供战略和运营方面的咨询服务，包括医改影响和增长战略、新技术平台研发、商业卓越与数字化转型、组织改革等。围绕中国疫苗行业重塑、中国医疗器械创新、医保目录调整等话题撰写了一系列文章。现致力于医疗健康领域大数据的搭建和人工智能技术的应用开发，还帮助医疗健康和其他行业领域的客户通过技术和商业模式创新，同时实现业务的可持续发展。近期发布的重要内容包括《商业银行企业避险业务白皮书2022》《人工智能药物研发：星星之火，携手点燃》等。

在加入BCG之前，曾任北京华大基因研究院的首席运营官，也是医疗大数据和人工智能公司iCarbonX的联合创始人和首席运营官。拥有北京大学生物化学学士学位和耶鲁大学遗传学博士学位。

　　"元宇宙"一词出自1992年的一部科幻小说。30年后的今天，元宇宙的概念破圈而出，也吸引了投资行业大咖的关注。风投基金在2021年投入了近300亿美元。

　　游戏玩家对元宇宙的概念并不陌生，在元宇宙的投资和技术热点中，以游戏为代表的娱乐是最大的热点。但游戏不过只是元宇宙的开端。我们其实还可以在元宇宙中做非常多事情，可以参加3D虚拟演唱会，可以创作、购买和出售包括时装、地产等在内的各种商品和以艺术品为代表的非同质化代币（NFT）。2021年末，元宇宙平台流通的虚拟和法定货币总量约900亿美元。我们预计，元宇宙市场规模将在2025年达到2 500亿～4 000亿美元。

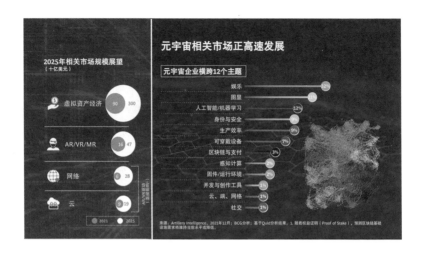

到底什么是元宇宙？在遨游元宇宙之前，我们需要先解析一下，元宇宙这个概念带来的到底是技术底层还是应用场景。元宇宙是由三大趋势相互融合与碰撞塑造而成。第一个是元宇宙平台（M-Worlds），包括企业端的产业元宇宙和个人客户端的消费元宇宙；第二个是AR、VR和MR技术，还有3D裸眼成像；第三个是虚拟资产，以智能合约为代表，是促使整个元宇宙经济转动起来的资产保护。

元宇宙的三大趋势在过去数年中得到了长足发展。2007年初代iPhone手机刚刚问世时，其使用的技术并无任何新颖之处，只是集相机、电脑、移动电话和操作系统等多项功能于一身。它的革命性在于，它对当时技术的深度融合让成千上万的创业者参与其中，由此在整个iPhone的生态系统中创造更多的价值。元宇宙也是如此，三大趋势的技术底层和应用场景都已经过多年的发展，

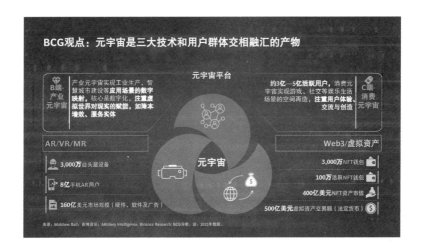

通过相互融合与碰撞，最终释放出元宇宙的魔力。元宇宙的发展将带来什么样的经济和企业影响？我们需要把握三大技术趋势的发展方向，并从商业层面去伪存真。

元宇宙平台（M-Worlds）是一种沉浸式应用程序，每个元宇宙平台都可创建专属内容和虚拟社区，拥有属于自己的规则、用户账号和商业模型。元宇宙面向的人群对象往往在20～40岁，尤其对Z世代用户来说是最好的平台。这些平台不一定要以MR为依托，可通过手机、平板、电脑浏览器以及AR或VR头显设备运行。元宇宙平台在过去拥有上千万的个人用户，但是在技术不断发展的过程中，各大新平台纷纷崛起，如英伟达公司的开放式平台等。

AR、VR和MR技术日臻成熟，将为用户提供更加真实的体验。AR和VR是两种不同的技术平台，个人用户大部分使用的是

元宇宙平台：创建专属内容和虚拟社区，拥有属于自己的规则、用户账号和商业模式

	The Sandbox	VRChat	Zepeto惠聚	Roblox	僵尸之夜
	用户自主创造的、基于NFT¹的3D世界，DAO¹组织的初级形态	沉浸式VR社交网络	虚拟社交化身	用户在3D虚拟世界中创作游戏	玩家可自主创作内容的3D射击类游戏
营收规模	~2.11亿美元，2021年	N/A	N/A²	~9.2亿美元，2020年	~51亿美元，2020年
业务模式	首次资产发行	订阅及应用内购买	广告及应用内购买	订阅及应用内购买	应用内购买
用户数量	~3万月活用户，2021年	2万日活用户，2022年3月	~2 000万用户，2022年1月	近5 000万日活，2021年11月	~3.5亿总用户，2021年
人口特征	25~34岁	~70%为16~34岁	~80%为亚裔青少年	9~15岁美国青少年	>60%为18~24岁
硬件设备	Web浏览器	VR头显（Oculus、PC）	手机	手机、PC应用、Xbox、Switch、Amazon TV	手机、PC应用、Xbox、PlayStation、Switch

来源：新闻检索；公司网站；BCG分析。¹DAO＝去中心化自治组织，由成员自行管理的线上组织。²2021年11月软银注资后，Zepeto估值突破10亿美元。

VR，而企业用户则更多地使用AR。如何发展AR和VR，这对于整个元宇宙的促进还存在很多技术门槛并需要创作很多内容。比如目前VR头显可实现单眼近2K的分辨率，苹果头显设备更有望实现高达4K的分辨率。不过要与人类视觉相匹配，相关技术最终需要达到20K分辨率。这就对网络传输能力提出巨大的要求，由此移动网络5G甚至6G的发展便应运而生。我们可以发现，技术平台本身就在发挥着很好的经济发展推动作用。

元宇宙平台和AR、VR和MR技术仍只是点对点的连接，还达不到经济的"飞轮效益"。若要让飞轮快速转动起来，还需要Web 3.0技术。在即将到来的Web 3.0时代，用户会集内容消费者、创作者和拥有者三重身份于一身，这将改变我们的商业模式。

三大元宇宙技术的融合程度仍有待观察，但我们预计，三者的融合足以推动元宇宙整体增长。初具雏形的元宇宙市场，为多

个行业的企业带来了广阔的商业机遇。元宇宙概念、元宇宙技术已在各行各业得到应用，我们也看到了很多现实案例。从政府、公共服务，然后到汽车与工业品，再到医疗健康、金融，这些行业都有着强面向企业的属性，既创造了很强且全新的商业价值，同时还包含对生产技术和流程的改造和提升空间，蕴藏着巨大的经济价值。当然还有一些消费品，包括在旅游、技术底层，以及游戏、电影、娱乐方面的运用。如何把面向政府企业端和面向个人客户端更好地融合起来，从而加强经济效益的叠加，我们需要进一步思考和实践。

企业应该如何开启元宇宙漫游之旅？除了那些已经布局元宇宙和应用元宇宙技术的大型企业，腰部企业和小微企业要如何进入元宇宙，捕获其价值？元宇宙飞轮效益中有不同的入场方式。企业可根据自身情况，可以参与元宇宙基建；可以在合作生态中成为创作者，创作面向个人和各类组织的内容；可以参与产业合

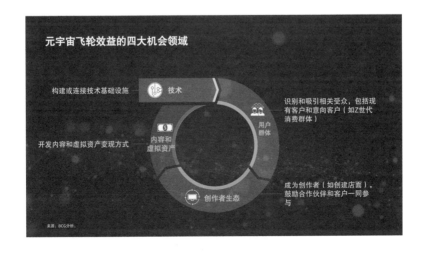

作，变现资产和内容，这些就是让整个飞轮转起来的机会领域。随着规模建设，企业可以吸引相关受众，特别是Z世代消费者，明确我们的使用方是个人还是企业，以期最大化地实现价值。

波士顿咨询公司（BCG）愿意在元宇宙与大家共创共治，我们在过去60年里帮助了各行各业的头部企业做了很多业务转型，实现了非常强劲的业务增长。我们帮助很多腰部企业维持着第二增长曲线，形成很好的竞争优势。中国在技术创新方面有很多孵化企业，因而有很多可创造的机会，元宇宙、人工智能给中国带来极大的机遇。我们希望能在漫游元宇宙的技术突破口，助力企业把技术和应用紧密相连，以应用引导技术，实现数字化运营，从发现客户需求到赢取客户信任，并基于人工智能为消费者提供个性化产品或服务，把整个业务做得更强。无论是技术方还是应用方，我们都愿意与您携手成为未来元宇宙世界中的创造者、拥有者和获利者。

WAIC

虚实融合，洞见未来

圆桌论坛：
星辰大海与脚踏实地

薛　澜　　　　　　　　　　　**清华大学苏世民书院教授、院长**

清华大学苏世民书院院长、清华大学文科资深教授。研究领域包括公共政策与公共管理、科技创新政策、危机管理及全球治理，并在这些领域中多有著述。2000—2018年，曾先后担任清华大学公共管理学院副院长、常务副院长、院长。同时兼任清华大学人工智能国际治理研究院院长、清华大学中国科技政策研究中心主任、清华大学全球可持续发展研究院联席院长、国务院学位委员会（公共管理）学科评议组联合召集人、国家新一代人工智能治理专业委员会主任等。曾获国家杰出青年科学基金资助，教育部"长江学者"特聘教授、复旦管理学杰出贡献奖、中国科学学与科技政策研究会杰出贡献奖、第二届全国创新争先奖章等。

徐 立

人工智能科学家，商汤科技首席执行官

全球领先的人工智能平台公司商汤科技 SenseTime 联合创始人、首席执行官。在他的带领下，商汤科技建立了全球顶级、自主研发的深度学习超算中心，它是亚洲最大的 AI 研发基地；在智慧城市、智能手机、智慧医疗、无人驾驶等诸多领域的创新成果支撑了行业的 AI 变革。同时，还促进了商汤科技与高通、本田等的战略合作，推动了超过 1 100 家客户的人工智能升级。

在加入商汤科技之前，先后在摩托罗拉研究院、欧姆龙研究所、微软研究院、联想研究院等计算机视觉基础研究机构访问工作。

本科、硕士毕业于上海交通大学计算机科学与工程系（试点班），博士毕业于香港中文大学计算机科学与工程系。主要研究方向是计算机视觉和计算机成像学，拥有十多年基础研究和产品开发经验。在视觉领域国际顶级会议、期刊上发表超过 50 篇论文。曾获国际会议 NPAR 2012 最佳论文奖，国际会议 ACCV 2012、ICCV 2015 最佳审稿人奖。三个算法获得视觉开源平台 OpenCV 收录，其中 L0 Smoothing 为图形学期刊 *Transactions on Graphics* 五年论文引用之首（2011—2015）。

2017—2020 年连续四年登上《财富》杂志"中国 40 位 40 岁以下的商界精英"榜单，2018 年入选"全球 40 位 40 岁以下商业精英"榜单。曾获 2019 香港创新领军人物大奖、安永企业家奖 2018 中国大奖、《芭莎男士》"2017 巅峰人物·年度创新企业家"、《经济观察报》2017 年中国人工智能杰出行业领航者、新浪 2017 中国经济年度人物新锐奖和网易未来科技人物大奖创新商业领袖等荣誉。

李 菂 中国天眼首席科学家

观测天文学家，FAST 首席科学家。提出了求解星际尘埃温度分布的新算法，发现星际氧气分子，命名了氢气窄线自吸收（HINSA）方法并首次测量其塞曼效应，该成果以封面文章形式发表于 *Nature*。领导发现 FAST 首个新脉冲星、首个新快速射电暴、获取最大快速射电暴事件集合入选"2021 年度中国科学十大进展"。领导或参与多项国际大型射电新设备的研发，曾获美国国家科学委员会（National Research Council）学者奖资助（NRC Fellow），其所在团队获美国国家航空航天局杰出团队奖，2017 年获得科学院杰出成就奖（主要完成人之一）。曾任澳大利亚国家望远镜指导委员会国际委员，平方公里阵（SKA）生命摇篮科学工作组组长，突破基金会聆听计划（Breakthrough Listen）咨询委员。

周建平　　　　中国载人航天工程总设计师，中国工程院院士

航天工程系统设计与技术管理专家，中国工程院院士。1989年毕业于国防科技大学。曾任国防科技大学教授，2006年起任中国载人航天工程总设计师。长期从事载人航天工程总体设计及技术管理工作。参与组织载人航天工程第一步任务（载人飞船工程）的研制和飞行试验技术工作，主持载人航天工程第二步任务（空间实验室）和第三步任务（空间站）全面技术工作，解决了空间出舱活动、空间交会对接技术和空间站工程研制中的一系列重大关键技术问题，为实现我国载人航天技术跨越发展做出了突出贡献。1999年获国家杰出青年科学基金资助，2001年享受国务院特殊津贴，2003年、2013年获国家科技进步特等奖，2010年获国家科技进步一等奖。2012年被评为"十佳全国优秀科技工作者"，2013年获何梁何利基金奖，2016年获光华工程科技奖工程奖。

人工智能+太空探索

薛澜：中国拥有全球最大的射电望远镜，直径五百米的"中国天眼"（FAST）。FAST所发现的第一颗脉冲星，距离地球1.6万光年。每一次脉冲，都是FAST探测的真实信号，大约1.6秒重复一次，我们的专家们将探测的信号转变成了声音。

目前，"中国天眼"理论上可以接收来自137亿光年之外的信号，这已经接近宇宙的边缘，现在中国天眼正在揭示宇宙众多的奥秘。我想提出第一个问题，天文观测和宇宙探索都是星辰大海，很多关于人工智能的介绍，都是脚踏实地解决问题的。这两者之间到底有什么联系，人工智能能帮助探索未来吗？在其中能够起什么作用？

　　周建平：人工智能和太空探索的问题，实际上也是我们正在研究的问题。载人航天工程已经到了空间站阶段，建设空间站的目的在于探索宇宙。我们的科研机构在上面已经安排了很多科学设施，包括探索深空的设施，比如2023—2024年将要发射的巡天望远镜；我们也在安排研制暗物质探测的设施。巡天望远镜的目标是探索极端宇宙，运行后会产生大量的数据。在我们的探索过程中，不管是暗物质还是暗能量，获取数据是非常重要的。"哈勃"望远镜从问世到现在已经30多年了，获得了300多平方度天区的数据，大概是天区的0.8%。巡天望远镜探测的精度和"哈勃"是相当的，在比"哈勃"还大一些的视场区域内分辨率和"哈勃"是相同的，但我们的视场角是"哈勃"的360多倍。我们计划用10年时间看完42%的天区，也就是17 500平方度的区域，这还是一个保守的估计，我认为应当可以达到一半。

　　巡天望远镜的设计工作期限是10年，我们将致力于让它们的工作时间更长，就有可能获得整个天区的图像。中国的巡天望远镜覆盖了红外、紫外、可见光范围，具有强大的探测能力，也就带来大量的数据。这些数据要依靠科学家和先进的数据处理技术，从而获得我们希望得到的信息。但是我认为更重要的是，人类从来没有获得过这么完整的信息，宇宙是否有边界，关于宇宙的诸多理论也好，猜想也好，这些数据量极大，对于个人、团队，甚至很多很多科学家，可能都是一个沉重的负担。人工智能应该能够在这个过程中做出极大贡献，它可以一方面帮助去验证我们的理论，同时很重要的另一方面，它可以去发现新的现象，为我们做出新的解释。

李菂：丘成桐老师作为伟大的数学家，眼睛里看到的世界宇宙都是数字，而我看到的都是信号。现代的天文学有一个明确的起源，就是1609年伽利略第一次使用望远镜这个工具看向太空。他看到月球表面地貌，有环形山；他看到土星有环，木星有卫星。这延展了人类的感知。到了近代完全有新的感知，比如红外、射线，超出了我们整个人类能够感知到的世界。

现在，至少在我自己的数据处理和工作中，人工智能是每天都会使用的，但是我们还处在把它作为工具的阶段。比如原来太阳系里有九大行星，后来变成了"八大"，是因为布朗教授的一台小设备。他每天研究图片，发现类似冥王星的行星太多了，所以把冥王星从九大行星中剔除了。我非常期待未来两三年之内，我们能够进行到下一步，人工智能技术不仅能辅助我们开展已有的研究计划，更能够呈现一个完全不一样的世界。人工智能实际上是把收到的信号映射到更高维的空间里面，用它发现我们甚至不能想象的规律，就这一点来说还是很有前途的。

徐立：十年前我们谈论人工智能的时候，觉得人工智能是在仰望星空，今天我们所谈论的，是脚踏实地，真正和仰望星空做结合。最近我们看到人工智能的范式转换，包括我们自己做的人工智能算力大装置，看到人工智能本身在发生变化，我想人工智能对于探索星空会产生极大的帮助。一是通过AI对存量的大量天文数据的研究，就一定会发现超出我们认知或者引领发展方向的突破。目前来说，很多基础科学在人工智能的推动下，其理论出现了迭代和演进，使得人工智能反向指导我们的发展。

巡天望远镜也好，FAST也好，探索宇宙的精度可能更高了。我们认为当一个计量结果，或者说探索的维度更精确的时候，往往传统的物理定律可能或多或少会出现不精准或者失效的情况，这势必带来新的基础理论的突破。所以在这部分上，AI或许可以走得更远，所以对于未来5~10年在产生新的不同维度数据的情况下，人工智能能做什么，我们抱有很高的期望。

人工智能能否代替探测器

薛澜：我们刚才提到了元宇宙，包括很多人工智能的发展，会不会哪一天人工智能技术发展到极致时，也许就不需要再有那么多的空天探测器了？过去我们用望远镜观察以后直接去推算、去想象，之后是否有可能用人工智能技术来进行探索？

周建平：我理解的元宇宙应该还是在用数字技术把真实世界做成一个数字场景，让我们沉浸在其中去做需要做的事情。真实世界还是需要探测技术，它不应该是一个虚幻的世界。

李苭：虚拟现实、人工智能模拟等我们使用频率比较少，如果把巡天望远镜的数据做成一个VR的场景，这样就可以在宇宙里面行走，或许真能帮助研究人员找到一些弱的信号。实际上，它给研究人员的感官感受比较全面，但是它能否完全脱离探测技术，比如周建平院士的巡天望远镜，这个需要同真正在人工智能一线的研究人员、学者们探讨一下，看是否会更乐观一些。

徐立：人工智能模拟其实由来已久，不过很多天文问题都是初值敏感的，如果产生一些小的波动，之后结果的差距就会很大；即使是非常准确的数据，能够精确预测诸多现象和问题，但由于人类本身的认知有限，只有通过一步一步实验参与其中，才能够逐渐对这个事情形成清晰的认知。我认为人工智能对未来的认知、对世界的认知会超过我们很长一段距离，但我们的认知只有在实践以后才会改变。

人工智能领域的国际合作

薛澜：人工智能大会的举办，让我们汇聚了来自中国以及全世界各地的科学家、企业家，共同来探索人工智能的发展和应用。我认为对宇宙的探索是人类共同的实验。全世界科学家有哪些地方可以进行合作？各位如何看待这个问题？

李菂：在天文这个小领域，国际合作是比较自然的，而且也比较通畅。"中国天眼"之父、人民科学家南仁东先生在20世纪90年代中期的时候最先推动这个项目，那个时候南仁东先生就一直在倡导一个理念——人类拥有同一片天空。所以不管拥有什么样的技术，都是既有竞争又有合作的关系，但总体目标是非常统一的。而且我们面临着带有共性的挑战，特别是近几年在气候上的挑战，但是在科学家的研究方面还是保持高效和高容量的合作。

周建平：中国的载人航天工作一直长期致力于推动国际合作，我们也需要国际合作。比如巡天望远镜，我们的巡天望远镜有红外、紫外、可见光，应该说有非常强大的优势，而国际上也有很多科学计划，包括空间望远镜，比如"哈勃"，比如前不久刚刚发射升空的"韦布"，这些望远镜各有各的着重点，各有特长，各有优势。合作会使得多方科学家能够用不同手段发挥各自优势，通过协同更加充分地了解这个世界。国际上很多科学家都参与了这个工作，包括评审。尽管目前巡天望远镜尚未发射升空，但目前我们已经在国内组建了四个科学中心，其中包括在上海的长三角中心。这些中心已把中国所有运用光学观测的天文科学家团结在了一起。未来，我们也要以它为纽带，让全球的科学家共同利用这个望远镜，为天文学的发展和进步做出贡献，这是大家共同追求的一件事。

当然，除巡天望远镜外，未来还将有暗物质探测的装置，我们也正在和国际科学家共同研究。

天文探索的意义及人工智能在其中的作用

薛澜：最后一个问题想要向徐立老师以及各位请教。我们现在还有各种各样的问题需要解决，天文探索可以满足我们的好奇心，也可以彰显国力，除了这方面的作用，还有什么样的功能？

人工智能到底在其中还可以发挥什么作用?

徐立:当我们向天上看去,总是会发现很多意想不到的认知和数据。天文是寂寞的科学,就像人工智能和很多行业一样。一是前期需要大量的积累,可以走得更长一些;二是在这个过程中,在每一个阶段可能会出现新的证据和数据,推出一些新的创始。我在研究过程中也会产生这样的疑问,在远期大数据探测上,有些什么伦理方面的考量,比如我们万一发现了外星信号,我们是不是应该在第一时间进行探索。

人工智能+天文探索的伦理考量

薛澜:其实这也是一个人类社会的终极问题,也许通过这个探索,我们会发现新的其他文明。我们也要思考,人类碰到这些新的文明怎么办,如果这些文明比我们更高一层,我们只是他们更大布局之下的一个小棋子,这是对人类文明更大的挑战,这就需要从哲学角度探讨人类存在的终极目标是什么。

展望未来

薛澜:感谢几位专家精彩的回答。我想人类之所以是人类,不仅是面对现在的问题,我们也同时在仰望星空,也在不断地探索。我们希望人工智能技术更好地帮助我们解决现实问题,也能更好地帮助我们解决未来探索星空会遇到的问题。

元宇宙中的智能畅想

康思大·特斯迪斯　人工智能算法设计专家，同济大学设计创意
(Kostas Terzidis)　学院教授，哈佛大学设计学院前副教授

同济大学设计创意学院教授，也是同济大学尚想实验室创始人。曾任哈佛大
学设计研究生院副教授（2003—2011）和加利福尼亚大学洛杉矶分校助理教
授（1995—2003）。拥有密歇根大学博士学位、俄亥俄州立大学硕士学位以
及亚里士多德大学的理工学院文凭。所专注的领域是人工智能艺术、算法设
计和儿童人工智能。出版4部学术著作：《排列设计》（Routledge，2014）、《视
觉设计》（Wiley，2009）、《算法架构》（Architectural Press，2006）和《表达
形式》（Spon，2003）。组织参与过2008年、2009年在哈佛举办的"关键数
字"会议，2011年Algode会议，以及2021年、2022年的两场AI艺术大会。
2010年，因数字设计的创新研究而获得了ACADIA奖。在2011—2017年，创
办并运营了一家名为Organic Parking的初创公司，该公司通过使用智能手机
处理停车优化问题。2019年入选我国高端外国专家引进计划。

　　今天我想与大家探讨"元宇宙中的智能畅想"。我其实接触虚拟现实已经有很长一段时间，在AI方面的工作要追溯到1997年，在那个时候大家都希望能更好地复制现实。但我与其他人的想法又不太一致，如果是虚拟的现实，人们为什么要复制周围已有的东西，所以我决定要构建人们没有的东西。我就从艺术开始，这是很自然的，人们是不是能够进入一幅图画，是不是可以体验艺术家的世界？我在1997年的时候就尝试进入这些图片。我又开始思考关于视觉的构成，思考为什么我们需要遵循物理学的规则。这是一个虚拟的世界，所以为什么不去扭转视觉，让我们能够有很多双眼睛，成为一个立体主义者，让这些射线不是直的，而是弯曲的。那么我们的世界会怎么样，我们不知道，所以我决定去创造它。

不同的建筑，如果通过几个不同的镜头去观察，会呈现不一样的效果。其实建筑本身并没有发生改变，而是我们的眼睛在发生改变。比如眼睛是弯曲的，是波浪形的，图片就不一样了，所呈现的就是我们直接能看到的。

另外还有一个重要的问题，AI能够起到什么样的作用？大家知道AI是一个精神层面的东西，而"元宇宙"有很多视觉上的元素，这两样东西如何结合在一起？如何让精神上的东西，让一个状态，或者美学和设计上的东西更有趣？答案很简单，那就是讲故事。所以我就开发了一个自动讲故事的系统来创造情节、场景，在这个系统里，代表情节的图形在某个空间里进行移动，当彼此之间进行互动时就产生了故事。在这个世界中有关系，有奇怪的情况，都可以描述成文本，再接下去把这些文本转化成"元宇宙"的情节。

这是一个很好的主意，为什么不把它推广开来？所以我设立了一个实验室，我们称之为"尚想"实验室。我们在实验室所做的就是用排列组合来创造所有的可能和不可能。这应该做何解释？可以举一个例子，也是建筑，我们大概打造了数十亿座建筑，然后从中选择最好的。我们可以看到建筑的外貌、基础、建筑部件以及建筑的几何形状等，不过，创造的可以是任何东西，可以是建筑物，也可以是拼图，也可以是音乐，也可以是时尚，任何东西都可以。所以我就和来自同济大学的同事一起创造了这些物体、场景、世界和空间的设计。我同事创造了一个作品，他将这个作品称为"无尽的形式"。通过改变参数和制造所有可能形式的椅子来创作家具。还可以举另外一个例子，也是我在同济大学的同事的作品，他使用的材料是竹子，把竹子进行弯曲和改变，从而创造雕塑，我们通过所有的可能创造出所有可能的雕塑形象。想象一下，如果我们使用量子计算会做到什么样的效果？

最后，有一个很好的机会教孩子们AI，我称之为Kids AID。我和同济大学的同事们一起创造了工作坊，教孩子们写代码、做游戏等。更重要的是教他们一种不同的思维方式，通过理解AI背后的内涵，去理解希腊神话、悖论等各种各样可能引发他们不同思维方式的东西，让他们就像智能想象一样思考。比如说在课上，孩子们用AI创造艺术，我们把这些艺术映射到窗户上，想象在未来，一个无人驾驶的汽车里，一家人坐在汽车里，看到他们孩子所设定的图画。我们为什么要看一个丑陋的世界，我们也可以生活在一个美丽的、想象的世界中。

AI的走向：知识的登台与升级

潘云鹤　　　　　　　　　　　　中国工程院院士，浙江大学教授

中国工程院院士、浙江大学教授、计算机应用专家。原中国工程院常务副院长、浙江大学校长。兼任国家教材委员会委员、国家新一代人工智能战略咨询委员会主任、中国人工智能产业发展联盟理事长、中国创新设计产业战略联盟理事长、中国战略性新兴产业发展专家咨询委员会副主任、中国图象图形学学会名誉理事长等职。

他是中国智能CAD和计算机美术领域的开拓者之一。长期从事人工智能、计算机图形学、CAD和工业设计的研究，在计算机美术、智能CAD、计算机辅助产品创新、虚拟现实和数字文物保护、数字图书馆、智能城市和知识中心等领域，承担过多个重要科研课题，创新性地提出跨媒体智能、数据海、智能图书馆、人工智能2.0、视觉知识、多重知识表达等概念，发表多篇研究论文，取得了一系列重要研究成果，多次获得国家科技奖励。

一、人工智能发展的知识再一次登上舞台的中央

近年来，人工智能发展热潮形成的动力是深度学习技术推动图像识别水平的快速提升。2016年美国白宫发表的政策性报告，指出"人工智能在医学以及图像语音理解方面将对社会生活起到史无前例的影响"，并且列出了美国政府所采取的后续相应行动。这其中，医学和图像理解本质都属于视觉分析处理内容。

究其原因，因为图像识别技术不仅推动人脸识别、指纹识别、医学图像识别等，还有其他一系列非常伟大的技术，像智能汽车、安全监控、机器人、无人机、智能制造等最重要技术。

深度学习为什么会兴起？主要因为它在多媒体大数据智能的

近年AI热潮的形成主动力之一，是深度学习技术推动图形识别水平的快速提升，如：

➢ 2016年5月美国白宫发表文章"Preparing for the Future of Artificial Intelligence"就说：鉴于人工智能在医学以及图像语音理解等方面将对社会生活起到史无前例的影响……

➢ 因为，图像识别技术的突破推动的不仅是人脸、指纹、医学图片等识别，而且是智能汽车、安全监控、机器人、无人机、智能制造等广泛发展。

➢ 所以深度学习技术的主要的新突破是在多媒体智能（识别）的领域。

识别上进行了突破。这一项技术之所以在全世界产生巨大影响，不仅因为是技术上的新模式，而且在应用中填补了人工智能一个不足，即对真实复杂场景中涌现多媒体大数据的处理。

2020年7月，《日本经济新闻》报道了一项可能预示着人工智能未来走向的技术，这种技术被称为"多模态人工智能"。类似人通过五感理解周围，这种技术可以通过图像、声音和文件等多种数据做出高水平判断。而且，我认为多模态人工智能无疑是新一代人工智能的核心技术之一。从事人工智能行业的都知道，多模态人工智能就是多媒体人工智能。而且，多媒体人工智能和人类的认知是吻合的。IBM和MIT组建的"Watson AI Lab"着重对多模态人工智能进行研究。

中国在2017年《新一代人工智能发展规划》中已经罗列了两大方向：跨媒体智能和大数据智能。对这一研究的重视，中国在2015年、2016年就已经看到了。

跨媒体人工智能、多媒体人工智能的应用不仅仅将用于图像识别，而且将用于视觉生成。比如这次大会的中心问题"元宇宙"，实际上元宇宙不仅要有大量的设备识别，还会有大量的算法生成的视觉场景。元宇宙的本质是建立在互联网上可以体验的虚拟世界，元宇宙是在人的世界中将两元空间转向三元空间，可以把物理世界和人的社会投射到信息空间中，这就是元宇宙的重要基础。因此，全世界都纷纷重视元宇宙的发展。像英国、欧盟、美国等各大公司都在探索中。

元宇宙和数字人呼唤视觉生成

☐ **元宇宙**：旨在建立一个互联网上可体验的虚拟世界 。
  2022年3月，英国商业、能源和工业战略部于就元宇宙等信息物理前沿创新向社会各界咨询意见。
  2022年6月，欧盟议会发布了题为《元宇宙：机会、风险与政策含义》的简报。
  2022年7月，《时代》周刊指出国际顶尖科技公司（如苹果、谷歌、微软等）已在积极探索元宇宙技术。
☐ **数字人**：元宇宙关键技术，是指具有数字化外形的虚拟人物，
  虚拟数字人具有特定的相貌等人的外观，具有面部表情、肢体动作等人的行为，具有识别外界环境、与人交互的感知、认知能力 。

众所周知，元宇宙一方面要模拟物理世界，一方面要模拟人类社会，而其中的难点是数字人。表面上数字人是有数字化外形的虚拟人，不但要表现人的外观，表现人的动作，表现人的感知，表现人的认知能力，而且数字人还要表现人的个性化数据。因此，元宇宙要解决关于人的跨媒体知识表达的问题。

回到过去研究数字人的话一定不会很成功，因为必须要形成跨媒体的知识表达。一旦有个性化的数据，以及构建结构清晰、可解释、可推演的虚拟形象，这样才能在元宇宙中发挥更大的作

用，获得更加广泛的应用。大家都已经看到了数字人有各种各样的应用，比如说数字主播、虚拟社交、智慧诊疗、人体工学。但要注意，数字人是 AI 和元宇宙结合的产物。

不仅在混合现实这一应用可视化中存在这个问题，而且在群体智能中也有这样的情况。浙江大学控制学院研制的群智无人机，可以非常自由地飞翔。现在我们看到的无人机是简单的计算机视觉技术应用，即视觉智能。但是进一步将认知技术引入，比如说无人机经过垂直障碍物的时候，需要判断前方是什么，是水泥杆还是竹竿。

用视觉知识可以来提升识别任务性能。一般的应用场景在仅使用视觉技术来解决识别问题时，一旦视觉场景中出现不同视觉对象之间相互遮挡严重的现象时，纯粹依靠视觉信息进行理解就难以应对。比如对于行人和狗之间存在严重遮挡的场景，行人和狗之间的相互识别就容易混淆。为了解决这一难点问题，引入视觉知识取得了较好效果。针对停车场这一场景，训练了融入视觉知识的模型，通过结果可以看到，对于较为简单场景的分析识别，算法正确率可以提高4.5%，而对复杂场景的分析识别，正确率可以提高12.8%。可以说，在模型中将数据和知识相互结合，算法性能有了很大的提高。现在的知识表达手段还不是太好，如果表达得更好的话，算法性能会有更大的提高。

二、人工智能走向数据与知识的双轮驱动

回忆60年以来人工智能的主流核心技术，已经创新了三次。

（一）回顾60余年来AI主流核心技术已有了3次创新

1．规则和逻辑驱动的AI

代表Simon, Newell: Logic Theorist(1956年)；通用问题求解（GPS,1963年）

2．知识和推理驱动的AI

代表Feigenbaum: DENDRAL（化学专家系统，1965年）；知识工程（1977年）

3．数据和深度神经网络模型驱动的AI

代表Hinton:深度学习（2006年）

特色优势：视觉听觉识别

突出缺点：不可解释、迁移使用；依赖标识

第一阶段：最早的人工智能大概在20世纪50—60年代，是规则和逻辑驱动的人工智能，那时候典型的代表人物是Simon、Newell，主要围绕通用问题求解等方法研究。

第二阶段：到了20世纪60—70年代，人工智能进化到了知识和推理驱动的人工智能，知识不但通过逻辑表达，而且使用比逻辑更加广泛灵活的人类经验，代表人物是Feigenbaum，比如出现了一些专家系统，然后上升为知识工程。

第三阶段：知识工程很快被深度神经网络替代，原因是那时候的知识表达都是符号型的，因此那时候的人工智能只能处理用符号所表达的人工智能问题，只能利用人类的符号知识和语言知识进行表达。这样就留下了非符号所表达问题的一大块空白，这块空白刚好由深度神经网络来填补。因此，深度神经网络在视觉识别、听觉识别、文字识别、多媒体人工智能方面得到了极大的突破。但是，这一方法也产生了很多缺点，比如，学习结果不可解释，学习模型不可迁移使用，而且大量需要标识数据来训练模型。

　　所有这些和只采用数据而不采用知识有很大关系。所以，大数据和跨媒体智能、跨媒体知识表达相结合，将是人工智能一个重要的创新方向，这个方向是数据和知识双轮驱动的人工智能。这其中开路先锋很可能就是视觉知识、文字知识等其他知识的多重知识表达，如果要对视觉的对象进行理解和识别，第一要识别，第二要分析，第三要进行模拟。

（二）大数据和跨媒体智能的结合将导出AI第四次创新的方向

· 数据和知识双轮驱动的AI

视觉知识、多重知识表达、视觉理解扮演开路先锋，它们和DNN、知识图谱结合，生成双轮驱动的AI大潮。

· 因此，要记住：大数据、大模型固然很重要，但大知识同样重要！

　　视觉知识多重知识表达、视觉理解和深度神经网络相结合，将生成双轮驱动的人工智能大潮。预计未来的人工智能发展将成为主流的发展方向。因此，大数据、大模型固然很重要，但是大知识同样很重要！我们要在大知识中提早布局，并且取得快速推进。

AI 基础研究：
要成为科学引领者

姚期智　　　　　**清华大学交叉信息研究院院长，上海期智研究院院长**

现代密码学、通信复杂性及量子计算的国际先驱，于 2000 年荣获图灵奖，是唯一得此殊荣的华裔科学家。2021 年荣膺京都奖，是首位中国籍得主。

1946 年生于上海。1972 年获美国哈佛大学物理博士学位，1975 年获伊利诺伊大学计算机科学博士学位。先后任教于美国麻省理工学院、斯坦福大学、加利福尼亚大学伯克利分校及普林斯顿大学。2004 年辞离普林斯顿大学全职回国任教于清华大学。2011 年创建清华量子信息中心、交叉信息研究院，目标在实现量子计算机及推动信息科技与多领域的创新结合。2005 年创办清华学堂计算机科学实验班（姚班），被誉为"世界上最优秀的计算机本科教育"。2019 年及 2021 年再创办清华学堂人工智能班（智班）及量子信息班。2018—2020 年先后创立南京图灵人工智能研究院、西安交叉信息核心技术研究院、上海期智研究院，旨在深化人工智能科技及其成果转化。中国科学院院士，美国科学院外籍院士。

现在，人工智能在很多应用上非常成功，但是为了将来的发展，重要方向是要在基础研究上做大量工作。今天我将讨论的是，应该如何做才能形成更适合于做原始创新、基础研究的生态。我想论述一下我个人的想法和过去几年尝试创造生态的经验。提出应该做的事情有哪些方向，同时对这几种方向提供现实中的例子。所以，我所将举出的例子都来自我周围的团队，包括期智研究院、清华大学。

将应尽之事分成几方面，当然不排除其他可能性，以下是我提出的五个类型或方向：

（1）人无我有，在制高点议题上，取得话语权。这是很重要的建设人工智能创新高地的方法，面对现在人工智能世界里大家最关心的议题，如果能提出一些方案以获得很大进步，就能够取得话语权。

（2）人有我有，在关键技术上，进入世界前列。因为我们在有些方面相对不足，但在其他方面起步相对较早，所以前人已经建立了很多工具，这些工具能完成我们难以实现的任务。把进行这种研究的工具和环境加以补充，也是非常重要的一方面。

（3）及早起步，在新兴方向，发展理论与技术。部分研究题材所有人都刚刚起步，我们就应该要争取先机，和其他人竞争，一起并跑。不仅包括现在很多人都已经感到重要的方向，比如说潘云鹤院士所提出的多模态识别，也包括非常原始创新的想法，尚未有人涉猎。

（4）量子智能。以上三方面都是在现有的计算机框架下，讨论如何把人工智能发展得更好。但随着量子计算机的到来，还可能有更好的方法来进行算法突破。所以需要研究量子计算和人工智能的结合。

（5）AI＋X。人工智能和其他学科交叉的画像。

迎接未来挑战

面对人工智能的未来挑战，我们可以聚焦如下：

1. **人无我有** 在制高点的议题上，取得话语权。
2. **人有我有** 在关键技术上，进入世界前列。
3. **及早起步** 在新兴方向，发展理论与技术。
4. **量子智能** 量子+ AI ≫ AI
5. **AI ＋ X** 交叉研究

如果要在大家很有争议的方向中取得话语权，我们可以研究下高阳教授在这方面做的工作。大家常常听到，人工智能、机器学习很大的缺点是需要用海量的数据，怎么样做小数据研究，能够像人一样运用很小的数据从中获取很多知识，这是争议颇多且亟需解决的问题。

第一，人无我有。高阳教授在去年年底的会议时，做出了突破。具体来说，低数据效率使得强化学习发生很大的缺陷。比如，AlphaGo所需数据的数量相当于一位职业棋手学两万年才能学会，这种例子非常非常多。高阳教授所做出的突破是在现在大家非常通用的强化学习标杆上，最常用的方法是DQN，但是DQN是DeepMind所创造的系统，解决问题非常擅长，但是所需的数据量非常大。比如说在某一个游戏问题上需要学习相当于1 000个小时的数据量才能达到明显效果，但是普通人只要几个小时就能取得显著进步。这项工作产生了EfficientZero方法，把所需数据量减少600倍，只需要2小时就能达到人类的能力，所以这是很大的进

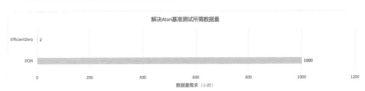

1. 高数据效率强化学习 （高阳）

低数据效率导致强化学习难落地
- 例如AlphaGo需要的数据量约为一位职业棋手日夜不停地下两万年
- 物理世界的问题，例如自动驾驶等，难以提供海量数据

EfficientZero相比DQN提升近600倍数据效率
- 首次超越人类数据效率
- 解决了强化学习落地的数据效率瓶颈
- 有望解决自动驾驶、机器人控制等真实世界复杂问题
- 该成果收获国内外学者大量好评，包括著名科技媒体Towards Data Science的专访等等

解决Atari基准测试所需数据量

EfficientZero	2
DQN	1000

数据量需求（小时）

步。这项方法已经用在很多其他地方，都有非常好的效果。所以这是相当大的突破，也在国际媒体上有了很多报告。

第二，人有我优。在强化学习上，如果在OpenAI，有很好的工具、很好的环境，研究者就能立刻进入很前沿的研究。我在两年前看到一个关于捉迷藏游戏的工作。其中有一位作者吴翼教授，吴翼教授回国一年多的时间做出来的系统媲美世界上最好的系统，有了系统以后使得中国在这方面做研究的人有了同样的基础。

做出开源算法后，在很多指标上就都能达到SOTA（state-of-the-art，某领域内当前最佳水平）的效果。可以用在很多地方，比如说用在有能力调整的机器人工作上，也可以在人机合作、经济市场反垄断工作上，都能取得良好效果。

2. 泛化性强化学习 （吴翼）

研究框架与技术路线

- 多样性强化学习基础理论
  - AI不光要赢得游戏，更要自我创新赢得精彩
- 多智能体强化学习开源算法库
  - 6个学术界常用场景领域最佳（SOTA）效果
- 应用创新
  - 自适应机器人；人机合作；经济市场反垄断

机器人自适应搭积木桥

提前预判垄断行为，辅助监管

人机协同做菜
(overcooked)
绿色：人类
蓝色：AI

传统AI
（只拿洋葱）

泛化性AI
（自主调整）

第三，及早起步。潘云鹤院士提过，"多模态学习"是大家关注的新热点。赵行教授做了大量这方面的研究，从开始的理论框

架，一直到各种应用上，在多媒体计算上能把文本、图本、语音结合，自动配音，都取得了良好效果。另外在自动驾驶上，可以用一种以视觉为中心的自动驾驶方案，结合多模感知做出智能运算，这是将来很重要的方向。

3. 多模态和多传感器学习（赵行）

让机器有像人类一样强大的通感能力

多媒体计算

神经网络配音器 Neural Dubber
- 文本，图像，语音 三模态建模
- AI根据脚本，自动为画面生成高质量配音
- 让影视后期效率倍增

自动驾驶

视觉为中心的自动驾驶 VCAD
- 纯视觉的3D检测和跟踪
- 统一的多传感器融合框架
- 在线高精度语义地图构建

第四，量子智能。量子计算机可以使得人工智能产生更大的力量，相反人工智能也可以对于量子物理产生很重要的学术贡献。这需要提及邓东灵教授的工作，邓教授通过和浙江大学团队合作，2022年7月在 *Nature* 上发表了一篇关于拓扑时间晶体的文章，是很技术性的主题，但在物理学界是大家非常关注的问题，有新的物理态，这种物理态是诺贝尔奖得主弗兰克·维尔切克（Frank Wilczek）在2012年提出来的，在自然界还没有看到。他们现在的工作能使得它在计算机上实现，最主要的创新点是运用了人工智能的方法，并且是量子化的，使得时间晶体变成现实。

4.量子人工智能（邓东灵，联合浙江大学王震、王浩华组）

Nature (2022.7.20)

首次实现拓扑时间晶体

在量子比特数目等多项指标
达国际先进水平

创新点

❖ 时间平移对称性破缺只发生在系统边界
❖ 人工智能算法+全数字化量子模拟
❖ **突破了三个关键挑战**：三体相互作用、有限门保真度、有限相干时间

第五，"AI＋X"。提及"AI＋X"，大家想到的全都是各种漂亮的应用，但其实"AI＋X"可以是一种非常重要的原创工作的来源。比如说吴翼教授和同济大学赵宪忠教授合作，把人工智能用在建筑学上。现在建筑行业出现很多新材料，如何运用于建设，是一项新颖且意义重大的工作。如今，他们已经取得了成果，得

5. AI＋建筑/制造（赵宪忠，吴翼）

多样性建筑结构设计

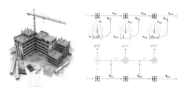

深度强化学习探索可能建筑结构

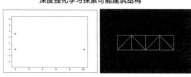

▪ AI赋能智能制造
   – 自主设计结构
   – 根据不同目标自我调整
   – 机器人自动搭建

Deployment on a Real
Robot Platform

联合同济大学建筑系

到了建筑史上未知的结构，也在搭建真正的平台。

从我最近所见来看，中国确实有不少的人才，他们可以在短时间内取得有非常长足的进步。我上文所提及的工作都是期智研究院和清华大学的队伍完成的，这些人才将来多数也会进入上海人工智能实验室工作。所以，我非常期待看到上海人工智能实验室将来在基础研究突破上的发展。

数字无限连接，AI 成就未来

柯　曼
(Clas Neumann)

**SAP 集团全球高级副总裁、SAP 全球研发网络
总裁，中国德国商会华东地区董事会主席**

现任SAP全球研发网络总裁，负责在亚太、欧洲、北美、拉丁美洲等市场中
利用投资业务及跨组织的战略全力发展SAP业务。在他的领导下，SAP全球
研发网络的成长显著。在SAP拥有27年的工作经历，并在中国和印度工作超
过20年，是SAP高级执行团队的一员。

在亚洲所创造的商业成就已被各界认可。目前，担任中国德国商会华东地区
主席、亚太德国工业协会（APA）的发言人、东亚协会（OAV）的董事会成
员以及印度总理和德国总理参会的印德咨询理事会成员。

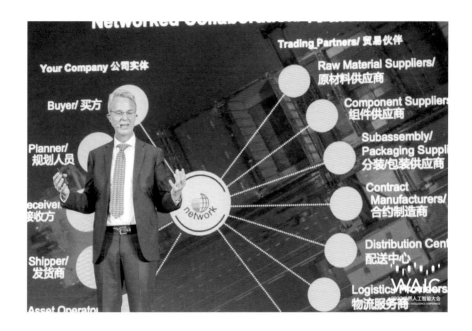

　　50年前，有一本非常知名的书，书名是《未来的冲击》(*Future Shock*)，这本书于1970年出版，书中描述了未来的变化以及如何适应这些变化。大家可能觉得50年前距离我们现在已经很久远了，但为什么说这本书仍然有意义呢？因为50年前提出的未来就是我们现在生活的世界。其中一些变化我们适应得比较容易，比方说听葛越女士为我们介绍了苹果手表，很多人都有，戴上它之后就会知道今天晚上睡得怎么样。我这里还有一块普通的手表，已经戴了几十年了，仅用它来看时间，不像苹果手表那样需要电池，所以如今我仍然依靠这种简单的技术。

　　虽然如此，未来的确也给我们的生活带来了巨大的冲击。未来世界会成为一个高度连接的世界，万物互联可以说是过去几年我们看到的最大的变化。常见的人与人之间的通信、出行等，都随着产业的发展可以更快速地进行。今天的世界已经进入一个万物互联的时代。大家可以通过点击获得各种各样的信息，在这方面有很多范例和优势。在过去的世界，受限于速度，内容、信息遭受了很多损失，当时我所成长的商业世界，主要的交流方式还是传真。到了我的下一代，他们不相信我们用如此老式的机器与总部之间联系、传送文件等。然而今天我们有更多的机会来了解世界上发生的事和企业之间的情况，这也是我今天想着重谈到的，人工智能不仅仅是独立的技术，它需要让生活变得更便捷，更便利，也需要让新的业态能够发展和壮大。

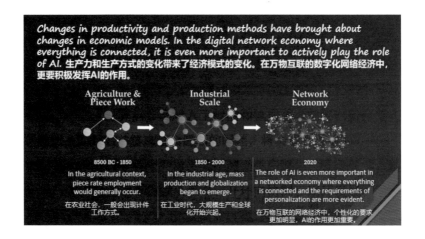

如今，企业内外部都有新的协作方式。过去几个月，我们观察到，如果一些外部干扰导致某些电子供应链失效，那么AI会帮助我们找到解决这一问题的方法，比如说提供其他的供应商。如

果SAP所需要的有些产品供应中断，可以在我们的包含了数百家供应商的网络中，以任何一种途径来寻找下一任供应商，同时在商店当中也是如此。上海在AI产业发展方面具有自身得天独厚的优势，在这里有300多家公司从事AI业务。SAP在张江附近，张江软件园有数千名工程师，他们在开发各种各样的AI应用，并应用于下一代企业。

接下来我想分享几个场景，给大家介绍ERP产品变成AI产品之后会发生什么。我们来看一下员工的管理，从员工招募进公司到离开公司，或者从公司退休，不同的场景中有多种机会可以使用AI。首先是员工的挑选，我们可能会有几千份简历，怎么来处理这些信息？ AI会帮助我们过滤，来选择合适、有针对性的简历。AI也可以帮助员工更好地和公司联系，现在如果我要休假的话，和AI沟通，AI可以给人力部门发送请求，这就变得更加智能化。我们有很多机会可以用AI来帮助员工更好生活，也有很多其他的场景。比如说京东的同行讲到了物流，也有其他嘉宾提到了购物退货的情况。如果使用AI的话，类似的退货困难可以减少。

另外，供应链的优化，也是AI可以扮演重要角色的领域。另外还有销售流程管理，这是一个很重要的话题，我们设想一下这方面的科学研究——余晓晖先生也提到了这点——推荐系统。其实我们几十年前就有推荐系统，但是现在我们真正看到了它完全的应用，在淘宝、京东或者亚马逊购物的时候，会有各种各样的推荐，推荐可以提供更好的消费体验。比如说一件西装，它穿起来会怎么样，可以选怎样的尺寸，AI可以给人们一种视觉体验，让你穿上各种各样的衣服，多种场景能够帮助我们做出更好的选择。从设计到运营，是很多公司的核心。公司的运营，包括在设计、生产环节减少碳排放，都是很好的利用AI技术的例子。一些非常复杂的产品设计，在初始阶段，也就是在设计产品的时候就要考虑到减少碳排放，AI可以帮助我们做到这点。另外还有制造

流程，AI可以优化制造流程中的每一个环节，可以预测哪个机器要维护，第二天的需求是多少，明天是不是有足够的电量等。现在全球都有很多这方面的问题，所以在很多场景当中可以使用AI。另外还有产品的经销，怎样理想地传送产品，怎样规划今天、明天、后天的路线，这些我们都拥有足够的算量，也有算法可以来优化，从而减少浪费。目前很多流程当中还有浪费，所以我很高兴AI可以成为世界减少浪费的一个重要的解决方案，实现未来可持续发展的目标。

AI现在在做的，也是人类一直想做的事情。很多人都知道中国古老的九连环，我的助理几天前也给了我一个，我想要解开它，但是却难以做到。后来我知道要走341个步骤才能把它解开，大家可以试一试，这是可以在淘宝上买到的。让我们用自己的脑力来尝试解决一个问题。现在我们有健康码，要扫码才能进入一个场所，这方面AI也是有优势的，可以把之前手工的流程现代化，以前可能要交很多纸质表格，现在我们可以更加环保。

另一方面，AI技术也会有一些不利的方面，当我们决定使用AI技术时也要小心，毕竟目前AI的预测结果还不能被全面地解释。我们要用心来发展AI，我们也要赢得所有利益相关方的信任，要确保AI做的事情和公司做的事情是一致且最佳的解决方案。

我最近参加了一个论坛，一位交通大学的教授说道，AI应该帮助人类做正确的事情，但是我们不希望所生活的世界由AI来做所有的决定。比如说我们去哪里，明天吃什么，明天的规划是什么，我们还是希望能够由自己独立地做一些决定。AI作为技术要帮助我们来做正确的选择，所以我相信我们一定要携手努力。这是只有我们团结协作才能做到的事情，任何一个公司都不能单独完成，只有这样我们才能够最好地应用AI。

Let's work together to build and leverage AI empowerment to turn the connection into value.
让我们携手共建，利用AI赋能，将连接变为价值。

从全球投资视角
洞见元宇宙未来发展新趋势

雷德·霍夫曼
(Reid Hoffman)

Greylock 合伙人、LinkedIn 联合创始人、
Inflection AI 联合创始人

成功的企业家、高管和投资人，在当今许多领先消费科技企业的创立过程中发挥了不可或缺的作用。2003 年，联合创办了全球最大的职业社交网站 LinkedIn，2009 年加盟风投公司 Greylock，2022 年作为联合创始人创立了 Inflection AI。目前在多家公司董事会任职，包括 Aurora、Coda、Convoy、Entrepreneur First、Joby、Microsoft、Nauto、Neeva 以及几家隐形初创企业，还在数个非营利机构理事会任职，包括 Kiva、Endeavor、陈·扎克伯格生物中心 (CZ Biohub)、新美国基金会 (New America)、博古睿研究院 (Berggruen Institute)、Opportunity@Work、斯坦福人类中心人工智能研究所 (Stanford Institute for Human-Centered AI) 以及麦克阿瑟基金会变革杠杆部门 (MacArthur Foundation's Lever for Change)。此外，是原创播客节目"规模大师"(Masters of Scale) 的主持人，参与合著了四本畅销书，包括《至关重要的关系》(*The Start-Up of You*)、《联盟》(*The Alliance*)、《闪电式扩张》(*Blitzscaling*) 和《规模大师》(*Masters of Scale*)。毕业于斯坦福大学，曾为阿斯彭研究所 (Aspen Institute) 的皇冠研究员以及牛津大学的马歇尔学者。

乔舒亚·雷默
(Joshua Cooper Ramo)

Sornay董事长兼首席执行官
基辛格国际咨询公司资深顾问

现任Sornay董事长兼首席执行官。曾任中国首席顾问，参与达成了总值2 000多亿美元的交易；同中国最重要的商业机构和金融机构进行过合作，共同发起了许多投资项目。曾任《时代》周刊杂志社外交事务编辑和资深编辑，后在基辛格咨询公司工作15年，担任该公司CEO兼副董事长，现兼任星巴克和联邦快递公司董事。

人工智能与元宇宙如何相互作用

乔舒亚·雷默：您既拥有全球化视野，又具有中国市场的商业经验，您觉得人工智能和元宇宙将如何相互作用？

雷德·霍夫曼：人工智能将对包括元宇宙在内的一切事物产生影响，不仅仅是因为人们可以构建新的环境、新的角色，重新选择自己的冒险故事，而是人工智能将确实影响每个行业。过去十年中，一些人工智能的应用已经让我们叹为观止，而这仅仅是人工智能发展旅程的开始。从某种程度上看，当我们把人工智能和不同领域结合在一起时，这些领域将会迸发出更大的活力。比如我们可以思考一下人类，生物学上通称为智人，即会思考的人。事实上我们从某种程度上看都属于技术人，我们通过技术来定义自己，即定义我们的身份、边界。而当我们开始扩展新的空间和能力时，人工智能将会协助我们放大这些空间和能力。尽管人工智能听起来像是新生事物，但是它的时代早已到来。

乔舒亚·雷默：作为一个技术世界中的游客，这些年我接受了一些经济学的训练。我们都是经济人，我们在世界上待得越久，越会意识到决定性因素是技术，技术革命的迭代塑造了多样的社会反应，而不同的社会反应之间会互相影响，互相塑造。当我们从技术的角度来看待世界时，有一个值得深思的问题，那就是事物的尺度演变。尺度演变问题在很大程度上是一个根本性问题，它是事关人类生存的根本性问题，更确切地说就是我们如何从一个细胞扩展到多个细胞，到城市、国家、有秩序的世界，从一个点跳跃到下一个点的问题。所有领域中最残酷最激烈的竞争环境可能就是商业世界，我们见证过行业中各种各样的技术不断地迭代，以及人工智能规模的不断扩大。

人工智能面临的问题以及其达到临界点的预兆

乔舒亚·雷默：在我们走出人工智能寒冬，看到人工智能开始扩张的当下，出现怎样的迹象表明人工智能将达到了一个临界点？

雷德·霍夫曼：简单地说几个要点。首先，AI技术为我们带来不同于以往的几十倍上百倍的差异，并且让各个行业人的生活和人类本身发生了翻天覆地的变化。因此以下要探讨的问题就至关重要。是否有合适的采用AI技术的渠道？这种技术背后是否有经济模型能够为实现这样的规模扩张提供支持？之所以这么多现代技术要靠商业世界来实现规模化，是因为我们必须进行大规模的更新迭代和持续的资本投资，才能实现规模扩展，因此我们确实需要一个商业模型支持我们实现规模化这一目标，所以我们必须关注规模扩张的可能性渠道。

作为一名投资人，我们能够看到这个组织是否有人脉、资源、策略，能够在竞争中脱颖而出，并向前发展。事实上，在人工智能领域每天都是如此。更为有趣的一点是，我们的关注点并不应当是人工智能将彻底改变哪些行业，将它们提升到新的水平；我们更应该关注哪个行业不会受到影响和改变，进而通过融合、发展和进步去提升这项技术的影响力，使其影响到整个社会结构中的所有行业。

规避风险和推动AI技术发展

乔舒亚·雷默：如何规避执行风险、市场风险、技术风险，又有哪些决定因素可以促进技术发展迈向成功呢？

雷德·霍夫曼：当观察人类系统进步时，会发现人类系统的进步与激励有关。一方面，组织如何运转，是否有良好的分布式网络，是否拥有培育企业家精神的基地，是否拥有强大技术和技术产业，是否拥有大学和其他配套支持；另一方面，还需要个人领导力。当我们把这两个方面结合在一起时，就会发现事情变得很有意思，这正是创业的乐趣和好处之一。你要判断一些人是不是合适的领导者，他们是否能够在整体结构的支持下带领项目走向成功。所以我们在思考哪些创业者可以走向成功，哪些公司所判断的项目更有可能成功时，我们要同时考虑这两个方面的因素。很明显当前人工智能技术已经达到了实现某些能力的水平，未来3~10年内，我们也有理由相信，现在正在做但没有成功的一些事情也能够成为现实。比如说微软发布了一款辅助代码编写的产品，一位工程师目前可以接受它40%的代码建议，如果想降低代码错误、提高安全性以及实现其他一些目标，如今，我们都已经可以实现了。实际上，我们仍然处于Z型曲线即正在加速发展的状态中。显然当我们提及人工智能对各个行业的影响，这仅仅是冰山一角。AI团队的加入，意味着所有行业都进一步加强了这种放大效应，这就是为什么我们可以肯定地说三五年后各个行业将看到实质性改进和发展。

虽然目前技术的主要部分仍处于研发阶段，如何筛选投资对象，如何挑选人工智能，如何列出优先顺序，对于下一轮投资我们打算怎么做，这些问题我们必须提前预见。我们投资了很多公司，包括专注于人工智能领域的公司，当我们去挑选投资对象时，倾向于寻找优秀团队，然后一同做事。我认为我们有机会建立大规模的业务，甚至我认为可以建立API模型的大规模业务，就像微软一样，去部署这些东西。但将数亿美元花费在计算上，由自己来打造模型，提供服务，一定会出现中间方来提供一些计算和服务工作，比如一些微调工作。

乔舒亚·雷默：这是一个非常有趣的洞见，从规模化的角度来看，可能有四五个价值2万亿美元的平台，而他们将进一步产生五六十个8亿美元的平台，上百个3亿～8亿美元的平台，这个观念非常有意思。这些都是真实业务的缩影，这是一个很好的筛选程序，也是一个很好的话题。首先我们知道目前世界正在进行一场辩论，许多科技界的人士都认为重大的创新已经发生了，不会再有什么重大科技突破；而我们显然属于另一个阵营，我们认为并非如此，未来还会有很多创新将涌现。其次，我认为当人们考虑自己的职业生涯时，真的需要试着打开自己的视角去思考实现的可能性，每个人都应该具备T型人才的特征，使自己拥有某一领域的专长。

高端对话：
元力无限，AI进化新驱动

李　硕 　　　　　　　　　　　　　　　　　　　　　　百度副总裁

负责百度智能云事业群制造、金融、能源、电力和媒体、电信等行业业务，兼任工业互联网产业联盟工业智能实验室主任，工业互联网平台创新合作中心副主任，中国智慧能源产业联盟常务理事等职务和北京市两化联盟副理事长。

作为产业数字化、智能化领域的领军者，长期致力于推动人工智能、云计算、大数据等新技术的产品化，产业化落地。主持技术研发与产品转化，牵头云计算与人工智能相关专利50多项，获得奖项60多个，成功打造多个行业的数字化转型与智能化升级的标杆。

曾获得2021年"海淀青年榜样年度人物"，赛迪顾问2021—2022年度"新一代信息技术领袖人物"等荣誉称号。

韦 韬

蚂蚁集团副总裁、首席技术安全官

20多年来一直致力于让各种复杂系统变得更加安全可靠，常年负责大型互联网公司的安全工作，领导和推动了多项著名开源安全软件的研发，多项研究成果帮助 Windows、Android/Linux、iOS 和其他操作系统提升安全性，在系统安全、数据安全、AI安全、无人车安全、形式化验证、黑产打击等安全领域均有丰硕成果，率队在 IEEE S&P 等国际安全学术顶会上发表来自中国最早的5篇学术论文，拥有中美授权发明专利30余项，国际学术领域发表论文70余篇。

作为蚂蚁集团隐私计算的带头人，带领蚂蚁集团在隐私计算架构、实现方面取得了诸多成果。2021年5月，蚂蚁集团隐私计算平台成为唯一一个同时摘得中国国际大数据产业博览会"领先科技成果奖"和"十佳大数据案例"两项奖项的技术产品；2021年9月蚂蚁集团正式发布"摩斯"隐私计算一体机，为实现"数据可用不可见"增加新的行业实践。

主持人：

黄　伟　上海电视台第一财经频道主持人

嘉　宾：

李　硕　百度副总裁

韦　韬　蚂蚁集团副总裁、首席技术安全官

人工智能在基础理论与关键核心技术领域的突破

黄伟：面向未来数字经济创新发展需要，人工智能不断进行技术创新迭代升级，当前人工智能在基础理论和关键核心技术等领域有哪些突破？李彦宏先生在开幕式演讲当中提到现在人工智能有了方向性的变化。那么接下来人工智能在基础理论和关键核心技术等领域有哪些突破？未来这些人工智能技术在推动产业发展上有怎样的应用前景？目前有没有一些人工智能技术已经落地应用的实践案例呢？

李硕：人工智能技术一直在进化，而且处于加速进化的状态。首先，人工智能已经进入大模型发展阶段，这代表着未来人工智能发展的全新可能和方向。虽然我们看到的只是整体发展过程中刚刚取得的一点效果，但是对于解决行业落地的难题已经有了全新的可能性。

简单介绍一下大模型，首先我们来了解一下传统人工智能模型。传统模型是针对某一个问题的数据集合、模型训练、调优的全过程，这相当于在每个细分领域都要培养一个大学生来进行操作，每一步的跨越都非常有挑战性。而有了大模型，我们甚至可以跨行业让人工智能模拟具备高中生的水平，进而在解决一些具体问题的时候，用更小的数据、样本、算力，提升效率。这其实是大模型带来的行业和技术的全新变化。

第二个非常重要的方向，是从端到端的角度来看待未来人工智能。刚才几位演讲嘉宾都提到这点，从底层AI算力到深度学习框架，百度的"飞桨"是国内领先的技术平台。这个方向也让各行业在人工智能的应用上找到了真正的发力点，解决行业里具体的问题，给行业带来真正的商业价值和社会价值，进而不断地投入，形成一个正循环，由此可以源源不断地向前发展。

人工智能技术也有一些正在应用的落地场景，可以帮助我们解决多个方面的问题。首先，我们对复杂环境的感知有了抓手。相信在很多生产和生活领域里的专家，他可能在行业中从事了10～20年，对行业中的关键环节形成了一定的认知。我们今天在基础设施，比如说水务、电力、能源行业，都可以看到广阔的应用前景。而大量底层传感器将数据汇集，就正如一位可以同时看上万块测试仪表的老师傅，进而再用人工智能训练出来的模型针对上万块仪器反馈的数据做出决策。

还有一个非常重要的特征，人工智能真正打通了从感知、决策到反馈的闭环。就像大会上提到的自动驾驶，自动驾驶是一个每时每刻都要感知周围环境，并做出某种驾驶决策的典型场景，这也是为什么自动驾驶技术的发展速度是超预期的。人工智能系统一旦加入这样一个场景，随着数据和应用场景的积累，它确实是在加速学习和加速成长。人工智能的加速效应使其以一种超前的速度发展，感知、实时决策、控制系统在今天很多基础领域里都发挥着效果。再比如说水务领域，我们每5分钟可以给整个城区的水网算一个最佳值，对于火电机组，我们部署了3 000个温度传感器，用他们实时计算火电机组最佳的工况。以前由老师傅操作1天只能计算4次，现在用人工智能系统，每15分钟计算1次，从而带来1.55克标煤的节省，每年可以减少600万吨二氧化碳的排放。这仅仅只是开始，未来的空间是巨大的。

人工智能的发展阶段及探索

黄伟：人工智能正成为全面推进产业数字化转型的核心驱动力，产业发展需求反向成为人工智能技术不断迭代升级的推动力。目前的人工智能发展是什么阶段，人工智能大规模应用于产业还需要哪些探索？如何在实现人工智能的数据驱动价值的同时平衡好安全的问题？目前业界的探索是怎样的？

韦韬：人工智能在多个行业已经开始大规模应用，它是一个非常复杂的完整链路，涉及很多基础设施、多方面技术的融合。就如李硕提到的，人工智能技术在行业的应用是由多种技术融合共同发展的。在这个过程中，也非常好地推动了很多技术协同发展，其中非常核心的就是数据技术和关键基础技术。人工智能技术，或者是大模型，都非常依赖于数据，依赖与数据、计算相关的关键基础技术。其次，人工智能技术要解决用户隐私保护、数据安全问题，这就涉及隐私计算这类数据技术。另外，行业发展过程中参与的关联方非常多，如何支持产业互信，进而更好地推动价值创造，都牵涉到关键基础技术。

现实中，产业运用人工智能技术的过程常常遇到各种问题，包括亟须解决安全可信、协作共识、复杂关联分析、存储计算规模爆炸、降低耗能等问题。结合实践来看存在五大挑战，分别对应以下五个问题：大规模数据流转及人工智能应用中，如何捍卫用户隐私和数据安全？产业协同中，如何建立信任机制，促进价值创造？大型实体及数据关系中，如何解决结构复杂关联问题？数据量几何式爆炸增长，如何解决存储计算的性能和成本瓶颈？数据爆炸增长，如何降低计算耗能、更好保护环境？

蚂蚁集团也在这些方面进行了持续的投入，重点攻关了隐私计算、区块链、图计算、分布式数据库和绿色计算，我们认为这些是支撑数字化时代人工智能大规模应用的五大重要"根技术"。蚂蚁集团从2016年开始进行隐私计算技术研发及规模化应用，提出了全新的隐私计算模式，打造了"隐语"可信隐私计算技术栈，技术栈中蚂蚁集团首创的可信密态计算TECC基本上开始追平分布式计算的效能，极大保障了数据流通过程中的数据安全性，也为用户隐私保护提供了最好的支持。这项工作在2022年"数字中国"建设峰会中拿到了"十大硬核科技"奖，获得了行业的共同认可。除了隐私计算，五大人工智能根技术还包括区块链、图计算、分布式数据和绿色计算方面的工作。蚂蚁链正助力解决供应链、版权保护、跨境贸易等多个产业协作数字化的实际问题；蚂蚁大规模图智能计算系统TuGraph，是蚂蚁集团金融风控能力的重要基础设施，并应用于能源、电信等行业。此外，蚂蚁集团研发的OceanBase分布式数据库已连续9年稳定支撑"双11"，助力金融、运营商、互联网等行业客户实现核心系统升级。最后，在整个社会共同面临的低碳环保的挑战驱动下，我们创新了绿色计算技术。蚂蚁从2019年就已经着力相关工作，如今面临的挑战还是非常多，比如算力的绿色分布、人工智能以及相关技术对算力进行绿色支持。2021年蚂蚁集团的资源利用率已达到2019年的两倍。根据第三方审计，2021全年蚂蚁集团节省近3万吨碳排放。目前我们能够观察到其潜力是巨大的，我们相信未来整个行业也有非常多机会，继续推进绿色算力。

人工智能以基础设施技术以及数据技术为牵引，提供了多种可能性，以及整体行业探索的可能性，我们相信五大"根技术"也将与周边的技术协同发展，推进人工智能在各行各业带来更好的效果。

探索人工智能与数据驱动以及安全问题的平衡

黄伟：刚才我们讲的窗口期已经开始了，那么如何能够在实现人工智能数据驱动价值的同时平衡好和人工智能，以及处理好与大家相关的安全问题之间的平衡，这方面具体的探索和思考是什么？

韦韬：这些领域面临着巨大的挑战，特别是深度学习，我们大模型驱动的机器学习，应当是目前大家最关心的，但是这可能处于更初期的阶段。前面提到大模型有望把碎片化的行业水平提升到高中生的水平，但从安全的角度来讲，它更像一位有特长的小学生，他在某些领域里相当出色，但是在一个开放的高强度对抗的环境里，还是有自身的短板，今天的人工智能也是这种状态，特别是当我们从安全角度考量的时候。当有一个"大人"协同指导的时候，它会有非常出色的作用，但是当它孤军奋战时，很多时候容易被欺骗或者被干扰。

向整个行业的深层次探寻，我们可以观察到非常关键的两条线。第一条，目前在与安全有关的场景里，需要机器智能和人类智能相融合，因为安全相关的领域一般是开放空间快速变换的，同时也是强对抗的，然而由数据驱动的机器学习还处于异常痛苦的阶段，这样的场景里面需要专家与机器的融合。第二条线是人工智能本身，这一方面我们可以通过技术能力建设可信 AI，增强人工智能的公平性、可靠性以及隐私保护的能力。蚂蚁常年在这一方面来做重点攻关，因为我们直接面临全球针对金融支付相关的攻击，我们也承受着很大的反洗钱、反赌博、反盗用对抗的压力，因此这一直是我们关注的重点并进行了很多工作。包括此次世界人工智能大会上我们将会公布一个可信 AI 的检测平台，希望和同行们共同来推进这方面的工作。

人工智能+产业发展的未来

黄伟：到 2023 年此时，我们再讨论产业时，您认为我们会跟大家讨论什么样的话题？

李硕：2023 年在行业产业中，大家可能会见证更多有着强烈行业价值和行业核心场景被人工智能及专业专家经验突破。今天我们的探讨，可能更多是从行业从业者的角度来展开，比如说我们在很多 AI 领域已经进入到电力生产控制的环节，这是从前不敢想象的，相信 2023 年我们可能看到"裂变"。

可能在 5～10 年的未来，泛在的感知网络和辅助生产生活的决策引擎将无处不在。今天我们在交通和汽车领域里可以真正感受到有泛在的感知和决策。5～10年以后，也许我们可以在元宇宙中也有这样一个亲切的感受，未来即使我们身处不同的地理位置，照样可以办一场这种全息体验的大会。随着技术发展，元宇宙将会为大家所感知，相信这在未来5～10年一定会发生。

韦韬：我认为一年之后我们将能够看到一些非常关键的领域都会在行业应用中获得比较好的全新突破，比如大模型领域、图智能领域。

刚才谈到了行业层面的安全。今天我们看到黑色产业已经积极运用人工智能技术，所以未来五年，产业界在用人工智能技术保护，黑色产业在用人工智能来破坏，这样一来对抗会进一步加剧。技术本身是中立的，我们行业在推动技术向善，但是我们也要意识到技术依然有很强的攻击属性，破坏力越来越强大，这就意味着需要行业共同努力来增强这方面的安全和保障能力。

圆桌会议：
未来之城，美好图景新篇章

娄永琪　　　　　　　　　　同济大学副校长、教授，
　　　　　　　　　　　　　　瑞典皇家工程科学院院士

长期致力于面向复杂社会技术系统的社会创新和可持续设计实践、教育和研究。创造性地将设计驱动型创新应用于城乡交互、社区营造和创新教育等领域。目前担任同济大学副校长、瑞典皇家工程科学院院士、中国工业设计协会副会长、维也纳应用艺术大学国际咨询委员会主席等职务。他是爱思唯尔出版的 *She Ji* 期刊的创刊执行主编、麻省理工学院出版的 *Design Issues* 编委。受邀担任 IFI 2017、IDSA 2016、ACM CHI 2015 等国际顶尖会议主旨报告人。讲授"设计前沿"等课程。他的设计作品在芬兰赫尔辛基设计博物馆、米兰三年展博物馆等地展出。2014 年受颁芬兰总统"一等狮子骑士"勋章，2018 和 2019 年先后获得光华龙腾奖"改革开放 40 周年中国设计 40 人""建国 70 周年中国设计 70 人"金质奖章。

朱畴文　　　　　医学博士、主任医师，上海临床研究中心主任，上海科技大学附属研究型医院院长

医学博士、主任医师，中国协和医科大学（现北京协和医学院）临床医学八年制医学博士，泰国朱拉隆功大学医学院/研究生院临床流行病学和卫生发展学理学硕士。

现任上海临床研究中心主任，上海科技大学附属研究型医院院长，消化内科医师，临床流行病学－循证医学专业人员，兼任国际临床流行病学协作网络中国区（INCLEN-China）暨中国临床流行病学协作网络（ChinaCLEN）主席。曾任复旦大学附属中山医院2020年援鄂国家医疗队（上海市援鄂第五批医疗队）领队、复旦大学附属中山医院副院长、复旦大学外事处处长暨港澳台事务办公室主任及复旦大学医学中心办公室主任。

刘　涛   智己汽车联席首席执行官

智己汽车联席首席执行官。1997年进入上汽集团，曾任上汽乘用车产品规划总监，主导开发首款人机交互行车系统inKaNet，以及全时在线互联网汽车"荣威350"。如今，将他对汽车行业的挚爱和对汽车行业趋势的超前理解，都投入自主品牌"智己"，专注于为中国打造世界级好车。

陶　闯　　　维智科技创始人兼董事长、前微软虚拟地球全球负责人、前 PPTV 聚力传媒集团合伙人兼首席执行官

创业者和企业家，创办了世界上第一家互联网三维地图公司 GeoTango。2005年在微软建立了虚拟地球部并担任全球负责人。回国后，作为联合创始人和首席执行官，打造了拥有 3 亿用户的 PPTV，开创了中国互联网直播的先河。维智科技是他第三次创业，致力于打造基于全栈时空 AI 技术的决策智能系统，赋能商业和城市的数智化。

主持人：

黄　伟　上海电视台第一财经频道主持人

嘉　宾：

娄永琪　同济大学副校长、教授，瑞典皇家工程科学院院士

朱畴文　上海临床研究中心主任、上海科技大学附属研究型
　　　　医院院长

刘　涛　智己汽车联席首席执行官

陶　闯　维智科技创始人兼董事长

黄伟：张江科学城立足于2019年工信部人工智能先导区的建设成果，以一岛、一堂、一座城为抓手，进一步提升能级，集成产业，在张江科学会堂、张江中区4平方公里打造未来生活、未来交通、未来医院、未来金融、未来工业五大超级场景。元生无界，慧智张江。这座超级未来之城，将生动展现元宇宙时代未来城市美好数字生活新图景。

推动场景资源开放、提升场景创新能力，这将是未来探索人工智能发展的新模式、新路径，也是推进城市全面数字化转型，促进经济高质量发展的重要方向。

本次圆桌对话的主题是"未来之城，美好图景新篇章"，我们邀请了四位嘉宾围绕构筑未来城市美好数字生活新图景来进行圆桌对话，同时也请他们对未来之城在未来医疗、未来交通、未来工业等场景的建设蓝图以及对未来之城建设进行开放式的畅想。

元宇宙+未来各领域建设蓝图

黄伟：未来，在元宇宙技术的应用下，各个领域的建设蓝图是怎样的？元宇宙能够给产业和领域带来怎样的发展机遇？

朱畴文：我是一名医生，对元宇宙相关的很多概念说法，以及大家所描述的各种场景可能并不熟悉。但是我们对未来怎样建设符合张江高科特征的研究型医院，做了大量的准备工作。我们要做的是集成，必须紧跟现代科技、现代思维的发展，紧跟全球化发展。

医院是一个应用场景，我们也有自己的创造。我们要探究疾病发展的规律，找到针对性的方法。从这种思路着手，并从现代科技的角度来审视，创建一个融合元宇宙技术的研究型医院绝对不能仅依靠个体的单干，而应该集成世界上最好的科技手段、逻辑手段、硬件软件共用的手段。我们医院应当承担这样的责任，同时这一过程也需要与大学、医学院紧密联结。

回到医院本身，我们所强调的未来医院，主语应该是医院，因此它必须具有医院的特征。第一个方面，医院不仅要给人安慰，舒缓病痛，维护人的健康，并且要促进人的健康。从疾病到健康的全过程，都要让病人、家属有获得感，同时也让员工有获得感。因此，我不希望医院是由冷冰冰的机器人主导的世界，如果大家看远程医疗的时候，对着一块冷冰冰的电子屏幕进行诊疗，大家会有怎样的感受呢？现代科技的持续进步不仅更好地提高了我们的效率、精准度，使我们能够更加充分地运用信息，这样的集成可以让我们医务人员省下时间，进而能与病人进行更多的交流。因此人与人之间的面对面交流，得益于科技更好的发展，让我们拥有更多的时间进行高质量的交流。

第二个方面，目前为止，肿瘤、心脑血管疾病都没有被完全克服，新冠病毒感染也存在诸多未解问题，势必要求卫生工作者在这些方面从事更多的研究，重要的是要进行探索疾病规律的研究。现代科技赋予医院大量的数据，包括个人的表观和基因数据，还有影像资料、检验资料等，如何把这些资料集成起来并总结出规律性的内容，进而运用到个体身上，这又是一个挑战。

第三个方面，有关医疗分层。完善我国的分级诊疗制度，我们不能仅仅致力于把三级医院的水平提高，还要做好社区医疗和二级医疗，应该形成一条全生命周期的闭环，这是我们未来医疗的目标。习近平总书记在2016年提出"健康中国"的概念，并指明了我们到2030年应该达到的目标，十年后的健康中国应该体现人人享有的特点。

未来医院场景将很大程度上应用人工智能和元宇宙技术。医院里面已经采取了大量的人工智能，比如预约、交费，还可以排序、回诊"插队"。好处是显而易见的，一个病人可以少跑很多窗口，另外充分利用这个效率，我们还可以节省时间进行预判，合理安排工作资源。此次大会现场也有智能汽车领域的嘉宾，我也想向他们咨询医院的停车问题应当怎样解决，我们怎样做好预约系统，从而不用病人临时来排队抢车位。从临床医生的角度来讲，现在一种疾病需要多个学科共同治疗。我们如何把多个角度获得的客观资料以及根据医学知识进行的各种推断结合起来，在此基础上非常有规律地给病人提出最佳的选择，这一过程完全依靠人脑是绝无可能的，必须要应用人工智能与元宇宙技术。

娄永琪：从进入会场开始，我听到的基本上都是人工智能如何赋能工业场景的升级再造。其实这一领域有一个很大的机会点，那就是一直以来，我们把对企业和对个人客户分开处理。我们身后的椅子是参数化设计、3D打印的，很酷炫。我就拿椅子做例子。现在越来越多的用人体工学思维设计的椅子，极大提高了舒适度。但一个产品由于批量生产的原因，让大多数人坐起来很舒服，但是却很少人坐起来最舒服。参数化设计、3D打印解决了个性化制造的问题，但和众多用户的个性化需求之间却缺乏适配的平台。这个很小的例子却映射出一个大的机会点，人的个性化需求和制造之间怎样才能建立起一种关联？未来对企业和对个人客户之间如何建立起一个桥梁？现在很多企业都在做这方面的研究。很多企业开始采用柔性化制造，但只解决了一部分品类的一部分需求，而且需求还需要用户手动输入，离人工智能的自主匹配还很远。我认为，对企业和对个人客户联动的场景还需要不断地被开发出来，这个领域一定会是个巨大的风口。

刚刚朱畴文老师讲到人的因素，经常在各种各样的科技发展里被忽略。壁韧科技的张文老师也讲到推动人类进步的两个要素包括技术的发展以及想象力的跃迁。科技的发展，很多嘉宾都有提及，但想象力的跃迁，特别是集体想象力的跃迁，大家讲得比较少。现在大家讲的所有场景再造，都是在已有的场景里面寻找可以被替代的部分。我们本行都是搞教育的，大家想一下，当时孔夫子从在一棵树下面开始教学，那就是一个场景。后来，这样的场景被私塾取代，后来慢慢又有了现在的大学，那么人工智能、元宇宙时代的未来大学会怎样？目前，类似这样的问题，微观的技术开发讨论得多，对未来综合超级场景的探索相对较少。这一方面是源于我们对未来想象力还很匮乏；另一方面，也是这些不能直接转化的工作，在商业世界相对比较容易被忽视。

此外，元宇宙等新概念，技术支撑还在初期。每个人最真实的元宇宙就是我们做的梦，大家经常会恍惚，到底梦里是真的，还是第二天是真的。与人的眼睛等综合感官相比，目前所有的终端都不够理想，都达不到自然而然完全融于意识当中的境界。当然，如果真的实现了，可能也会带来新的问题。

刘涛：人工智能虽然是一个老概念，但是过去几年使我们行业产生了翻天覆地的变化。智慧城市，智能汽车、智慧道路以及高效的云接踵而至，智能交通基础设施仅靠一己之力是无法建成的，但是我们可以把汽车端的智能做到极致。今天我们的汽车上搭载有1 400块芯片，这其中并不包含小芯片，算上小芯片我们的汽车就拥有6 000块芯片。车上的自动驾驶传感器更是多达30多个，车载芯片远远超过智能手机。汽车，一个天然的高阶人工智能应用产品，而且是车规级的，对时效的要求极高。可能手机有几毫秒的延迟并没太大关系，但汽车对于延时管理有着极其高的要求，这方面的挑战也是巨大的。

科技不是用来炫技的，一定是用来为人服务的，我们汽车的整体设计逻辑更像是人的自动驾驶体验。而且我们必须要按照中国的交通场景为用户提供体验，中国有加塞，有全世界最多的大车种类，也有着全世界最多的卡车集群。我们也有着看到大车一定要躲的惯性思维，而这种经验一旦被人工智能学习下来，就会变成其学习的模型，未来我们不需要刻意躲避大车，因为人工智能技术的发展会让交通事故的概率大幅降低。

智能汽车产业发展的核心是什么？我们要利用现在中国巨大的数据作为我们的养分，我认为这是人工智能时代最大的启发。过去都是靠发明，人工智能则可以把所有的事重新发明一遍，而且跟人类智能相得益彰，这个过程最重要的燃料就是数据。中国智能驾驶的能力，基于大数据的迭代。刚才讲到的模型算法在早期特别重要，但是现在数据迭代的重要性远远超过了模型本身，在自动驾驶领域有完整的体现。比如这有两个很有意思的现象可以佐证这个观点，首先，简单来讲，人工智能数据的智能模型的主要逻辑就是学习这个世界上最会开车的人。另外，人工智能对于自动驾驶最大的挑战是极端情况，一旦碰到一次就是严重交通事故。在这种情况下，数据可以为我们带给巨大的价值。如果规避极端情况的价值，以及运用大数据对小概率事件进行实践检验的价值，与最会开车司机的经验集合在一起，我特别相信未来自动驾驶一定会超过人类，而且这件事情正在发生，而且可能会超过所有人的预想。

最后我想谈的是，因为我自己做汽车行业很多年了，我认为汽车历史上发生过很多技术跃迁，比如说ESP、ABS，这样的技术在当年绝对是豪车专属，因为它们真正降低了交通事故的死亡率，对人类的交通安全有极大的好处，所以后来变成了各国汽车的标配。因此，如何让自动驾驶能够比人类自己驾驶得更好，并使它成为每一个人都值得拥有的AI司机，是我们行业的使命感。

陶闯：元宇宙的出现打破了过去人们对现实世界的认知，带来了对未来的城市、商业和生活等场景的无限想象。早在2005年，我受邀担任微软第一任虚拟地球部的全球总经理。那一年比尔·盖茨正好是50岁，他提出了一个早期的未来科技愿景：希望以后在西雅图的家中就能够到伦敦街上逛街，然后到纽约去看服装秀。如今来看，这也是当时我们共同思考的元宇宙雏形，我们希望利用科技手段对世界进行链接与创造，打造一个具备新型社会体系的数字生活空间。

我自身研究的是地理空间计算，在加拿大地理空间计算领域担任国家首席研究教授，后来受邀对盖茨先生提出的愿景进行技术实践。那时我们尝试打造了一个虚拟数字空间，在这个空间内定期会售卖"土地"，用户可以买下土地进行租赁或者从事商业，同时也会有医生、律师等"数字人"提供咨询服务。从当今的视角来看，开辟了首个具备商业价值的虚拟世界，元宇宙的雏形也初步显现。

17年过去了，元宇宙的浪潮再次席卷全球，AI、AR/VR等的技术的发展已经能够支撑部分场景的落地。维智科技原创"时空AI"技术体系，融合时空感知、时空认知以及时空决策和时空交互技术，力图打造一个可感知、可计算和可交互的城市智能平台，立足新的经济、生态和技术下，为用户提供一个具备更丰富的信息、更精细的服务和更沉浸的交互的城市空间。

从科技的角度来看，元宇宙的出现就是技术融合创新的颠覆式的突破。各位在今天的张江科学会堂中即可体验元宇宙世界里的新展厅空间，抬起手机大家就可以看到不同主题的展厅空间，欣赏到太空穿梭和置身月球时所看到的地球景象，以及数字神经网络在真实的空间展现，不断传输着数据支撑城市大脑运行。

黄伟：陶闯先生刚才说因为信仰所以看见，请问这么多年来您在工作中信仰什么？您期望能够看到的那个信仰是什么？

陶闯：一千个人有一千个哈姆雷特，每个人所看到的元宇宙都不一样。在回国过我担任了PPTV的CEO，PPTV打造了首个网络直播电视，通过大数据的技术将不同的视频内容推送给不同的观众，这也是最早期的"千人千面"。依托大数据、AI技术与商业模式的创新，互联网迅速崛起，打造了超越千亿规模的经济体量，线下的商业服务逐步被取代。从大量的国际级咨询公司的调研中可以看到，线下的实体经济依然是消费的主体领域，但是数字化的进程缓慢。维智科技希望通过前瞻的时空AI技术体系，服务线下的实体经济。因而我对这个时代的定义是：空间即入口。在互联网时代，搜索引擎、手机应用都是碎片化的用户入口，未来通过眼镜等智能终端设备，任何时间下的空间都是为用户提供服务的入口，实现空间服务的"千人千面"，这是我认为未来的城市、商业和生活，这里可以发挥无限的空间想象。我们一直局限在空间和时间里，实际上所有的价值，包括最基本的社会价值和经济价值，都在解决两个最本质的参数，一个是空间，一个是时间。比如自动驾驶是想解决时间问题，空间也一样，固定的空间场所能够产生指数级增长的信息、服务、体验。

维智科技集团旗下PGVeres作为城市元宇宙数字基座运营服务团队，以"空间即入口"支持基于城市空间各类场景应用。目前PGVerse已经在多领域开展规模化的商业落地。在业内首先实现了上海张江4.1平方公里的"张江科学城元宇宙城市智能空间"建设，打造了政务、商业、文旅、营销等8大核心应用场景，包括商业消费、城市治理、园区管理、智能导览等场景的"元城市"空间智能交互，是上海市"以虚强实"的元宇宙科技应用典范，成果受到上海市政府以及行业的高度认可，同时张江也成为上海元宇宙重点建设基地。

人工智能变革趋势

黄伟：在未来一年和未来五年的发展时间里，如何看待人工智能变革的趋势？

刘涛：自动驾驶的进步得益于中国的自身优势——中国的互联网基础设施，中国的软件人才、数据人才，是欧洲、美国根本无法比拟的。有一个不太恰当的比方，真正人工智能做到后期广泛应用的时候，需要大量的计算、集成、测试，这方面还是需要人口红利，需要大量的软件人才花费大量的时间、精力来做。

现在，我们在一年之内完全可以实现，基本解放人们在快速路上驾驶时间的70%。我们未来的目标是让顾客驾驶企业所生产的汽车，在上海的快速城市路上面行驶过程当中，有大概70%的时间可以很放松地去喝杯咖啡或者浏览手机，当然，法规要求我们必须处于清醒的状态。如果用五年维度来看会很快实现，中国在自动驾驶的赛道上进步飞快，五年内L4、L5级别自动驾驶的雏形，或者接近全自动驾驶的车辆应该会来到我们身边，当然真正大规模的应用，五年的时间可能还是略微短了一点。

朱畴文：五年后，我们的医院肯定建成了，相信会有更多、更创新的科技产生并得到相应的应用。从现在来讲的一年内，我认为要重视人工智能在医药研究领域里越来越发挥的相当大的作用，比如用人工智能、大数据寻找靶标。我们的药物研发，不单单要依靠动物活体，可以用一些数据预测它的结构，配比它的受体来进行研究。现在寻找出很多受体药或者小分子药物，都可以是使用这些手段。我想这需要落实一个前提，因为数据都是分割的，我们怎么把来自不同医院、不同归属的数据能力集合起来从事研究工作，这是一个相当大的问题。总的来说就是两个问题，第一个问题是人工智能对未来靶点精准的寻找，还有一个是把所有医疗数据的碎片化整合。

只有更大的数据，提取出来的质量才更加可靠，更加具有概括性，同时更加个体化。对病人来说，就可以接受精准治疗。而且这种数据不应该只是一个横断面的数据，而应当是一个纵向的队列组合。从出生到死亡，如果我们所有的数据都能够得到很好的研究，就可以了解一个疾病、一个人健康演化的过程。但同时我们也要意识到数据不可能穷尽万物，我们也不指望全球的数据都联结起来。作为改革开放的引领区，如果上海或者浦东能够在医疗数据方面先行一步，我们就可以发挥更大的作用。

娄永琪：我们国家有两个优势，一个数据优势，一个场景优势。在国外，由于各种限制，很多场景不可能太快落地。而中国由于其制度优势，可以预测在五年之内大量新场景会纷纷涌现。如说这座城市，上海本身是按照前数字化时代的逻辑来规划的，而现今正在启动全面的数字化转型，等到五年之后，大家再来看看我们的生活方式。就像微信对我们生活的影响，五年前是什么状态，现在又是什么状态？所以到五年之后这个变化一定是巨大的。我们2021年在上海北外滩一起做过一个设计工作坊，当时我们有一位教授提出上海可以做未来的数字电影制作的中心。为什么呢？因为原来的电影制作必须在好莱坞，需要呈现很多场景，要有影视城，而现在完全不需要了，甚至演员也会轻松。过去演员，比如成龙，需要冒风险才能完成的影视情节，现在用deepfake，通过IP授权之后所有的动作电脑都可以制作出来。也许这个城市可以催生无数新业态、新工作岗位，正好可以解决高楼空置化的问题。这些新的场景不停地迸发出来，这是我们的优势，相信我们一定会在五年之内再造这个城市。

我们在教育领域工作的，疫情暴发后，在这么短的时间完成了全世界的线上教学科普，特别是技术和心理准备，这成为一个非常重要的倒逼力量，未来五年中国在教育元宇宙这个领域可能走在世界的前沿。但是我衷心希望我们可以不仅仅在技术层面前行或者迭代得特别快、特别疯狂，我们还需要考虑怎么能够在人文、美学方面有所发展，在技术迭代时千万不要忘记美学，正如我经常谈到怎么能够为人代言，为人文代言，为艺术代言。技术可以让我们更强大，而人文会让我们的发展更温暖。

黄伟：人工智能将会作为润滑剂，滋润各个行业的发展。谢谢大家从不同的视角给我们带来这么多的观点。

上海人工智能发展即将迈向新的征程，我们要抢抓元宇宙产业发展机遇，全面赋能上海城市数字化转型，打造世界级数字产业集群，建成具有国际影响力的数字之都。

附 录

2022 世界人工智能大会全景回顾

2022世界人工智能大会于9月1—3日在上海成功举办。大会贯彻落实习近平总书记在2018年首届世界人工智能大会贺信中提出的"共推发展、共护安全、共享成果"理念，以及打造人工智能世界级产业集群的重要指示，以"智联世界 元生无界"为主题，展示了上海积极抢抓新赛道、培育新动能，加快建设更具国际影响力的人工智能"上海高地"的坚定决心。市委主要领导出席开幕式，市政府主要领导致辞。香港特别行政区行政长官李家超、联合国工业发展组织执行干事邹刺勇致辞。

与往届相比，本届大会观众参与度更高，传播覆盖面更广，行业影响力更大。在内容策划上，大会围绕"科技风向标、应用展示台、产业加速器、治理议事厅"的定位，构建"会、展、赛、用、才"五大板块内容矩阵。在活动组织上，浦江两岸多地协同，海内海外同频共振，共举办121场线上线下活动。在传播效果上，全网在线观看总人次至大会闭幕时突破6.38亿，比上届增长67%，创历史新高；700余家广电媒体和流量媒体播出大会盛况，辐射2 000多家网络与自媒体，实现"千网齐发、万人云聚、亿人同观"效果。

一、群英荟萃，打造引领发展的创新策源地

大会汇聚世界人工智能顶级专家，研判引领人工智能前沿发展方向。五年来，嘉宾来源更多元，原创观点更鲜明。

重磅嘉宾汇聚全球顶流。本届大会共邀请海内外人工智能领军学者、知名企业家、国际组织代表等重量级嘉宾1 200余人，其

中图灵奖得主4位，诺贝尔奖、菲尔兹奖、马尔奖得主各1位，国内外院士80余位，顶尖高校校长20余位；上海人工智能战略专家咨询委24位专家围绕人工智能基础创新、以元宇宙引领数字经济发展等议题贡献观点；百度、华为、高通、Meta等科技龙头企业负责人深度交流人工智能与元宇宙融合发展的根技术、大产业和新生态。

敏捷治理贡献上海智慧。人工智能领域首部省级地方性法规《上海市促进人工智能产业发展条例》在大会期间公开征求意见，开展专题研讨；上海市人工智能伦理专家委员会成立；发布

《2022元宇宙产业图谱》《上海市元宇宙标准体系》《元宇宙安全发展上海倡议（2022）》《人工智能生成内容白皮书》等18份重要报告。

二、成果涌现，探索加速变革的产业新赛道

线下三大展区面积共15 000余平方米，大芯片、大模型、大平台、大终端、大场景等"五大"创新成果亮相。五年来，更多成果从学术研究走向产业落地，从概念设想走向产品应用。

巅峰奖项引领行业风向。卓越人工智能引领者奖（SAIL奖）吸引全球头部企业、国际知名高校、科研机构等800余个项目参与评选，全球首个三模态大模型"紫东太初"、国产腔镜手术机器人等4个项目摘得桂冠；清华大学"三维亚细胞动态变化的活体观测"荣登青年论文奖榜首。

创新产品成果缤纷呈现。隐私计算技术栈、端边协同XR分离渲染技术等八大"镇馆之宝"展现行业最新进展；AI＋元宇宙核心展重磅亮相，Unity、商汤、腾讯、华为、寒武纪、Nreal等呈现AI+元宇宙全栈产业链；医疗AI企业平台、新一代人形机器人等16大新品首发；"OpenXLab浦源"开源开放体系、新一代通用模型"书生2.0"领航首发；手绘巨幅"智会世图"展现五届大会与上海人工智能产业融合发展历程。

三、要素汇聚，拓展链接世界的开放生态圈

大会充分发挥平台优势，大力推进项目签约落地，打造全球人工智能资源配置枢纽节点。五年来，资源对接更高效，要素汇聚更丰富，服务产业更落地。

重大项目集聚发展动能。云从科技"全球创新总部"、上海蚂蚁链产业创新中心、京东上海产业 AI 研究院等落地揭牌，晶泰科技、铂星科技、云豹智能等25个重大产业项目签约，总投资近150亿元；一年来共166个项目签约落户上海，总投资905亿元；十亿新赛道子基金募资启动，百亿信贷创新支持工具发布，助力新赛道产业发展壮大。

品牌赛事激发创新活力。BPAA算法大赛、AIWIN大赛和青少年创新赛等赛事吸引参赛队伍超3 000支，国内外200余项目参与创新路演，通过大会对接投资机构、科技园区，以赛促创促业成效显著。

四、虚实融合，畅享元境星球的未来体验场

大会着力打造虚实融合的元宇宙会展场景，为观众提供更具未来感的参会体验。五年来，大会持续应用最新智能技术，用AI技术办AI大会，不断引领全球智能化会展前沿。

　　重大场景树立发展标杆。中共一大会址、国家会展中心、张江科学城等6个元宇宙应用场景"揭榜挂帅"，全国100个人工智能典型应用场景发布，示范带动人工智能与元宇宙融合发展，赋能实体经济。

　　"五大元景"升级会展新范式。"元会场、元展览、元应用、元藏品、元生活"焕新升级。"元会场"上，用户定制虚拟化身，获得沉浸式万人参会体验；五个线下元宇宙打卡点，制造"元应用"网红热点；"智会世图"和大会IP形象两大"元藏品"首次亮相；元宇宙电竞、元宇宙社交精彩诠释"元生活"。

五、海纳百川，构建共创共享的人才蓄水池

　　大会首次将人才作为重要板块列入总体策划，促进多层次人才汇聚交流。五年来，人群覆盖范围更广，人才服务保障更优，创新创业活力更足。

　　多元人群齐聚联动。"海聚英才"全球创新创业峰会、"海上八先"新生代AI人才对话、"滴水湖AI夜话"等活动集聚海内外领军人才；AI教育论坛、开发者论坛、女性论坛、青少年论坛覆盖多维人群，全民参与度更高。

　　人才生态推出实招。AI行业职业技能等级认定中心揭牌，AI人才白皮书首发，首批AI训练师高级技师代表颁证；首次组织全球AI人才云聘会，汇集600余家企业1万余个岗位需求，覆盖海内外100余所高校。

六、智联世界，加快打造世界级产业集群

世界人工智能大会已举办五届，上海着力发挥大会平台功能，与上海人工智能发展形成循环联动，世界级产业集群建设迈开坚实步伐。

以会聚智。五届大会共举办论坛、活动400多场，人工智能"上海方案"、《上海市人工智能产业发展"十四五"规划》等重大政策在会上研讨或发布；上百部人工智能重磅报告和倡议在会上发布，成为推动人工智能健康发展的高端智库平台。

以会引才。五届大会参会的学界大咖、领军企业家、国际组织负责人超过3 000名；大会活动辐射100万AI开发者，注重女性、青少年等多元群体参与，汇聚创新创业活力。上海人工智能人才从2018年10万人增长到2021年18万人，人才高地建设初具规模。

以会兴业。五届大会共吸引200多个总投资800亿元的重大产业项目签约落地，300余项创新产品首发首秀，17个重大应用场景发布，一批重大创新机构落"沪"，一大批项目实现产融对接，为上海人工智能发展注入蓬勃动能。

展望未来，上海将在总结历届办会经验基础上，全力打造创新策源能力更强、智能化体验更优、资源链接度更高、世界影响力更大的行业盛会，建设更具国际影响力的人工智能"上海高地"，为我国新一代人工智能健康发展做出更大贡献。

后 记

2022世界人工智能大会成功召开后，在各级领导的关心支持下，大会组委会按照惯例启动成果汇编出版工作。经过几个月的编辑工作，这本《智联世界——元生无界》呈现在读者面前。

本书文字内容来源于大会开幕式和全体会议的嘉宾演讲内容，在编写的过程中，得到了各位演讲嘉宾的积极配合与支持。本书的内容编辑，包括素材整理、文本梳理，以及嘉宾联络等工作，由上海市经济和信息化委员会、上海广播电视台第一财经、上海东浩兰生会展（集团）有限公司等单位相关团队承担。本书的设计和出版得到上海世纪出版集团上海科学技术出版社的支持。同时，本书的出版也离不开大会各主办单位和上海市各级领导、有关部门的大力支持，在此一并表示感谢。

世界人工智能大会组委会

2022年11月

图书在版编目（ＣＩＰ）数据

智联世界：元生无界 / 世界人工智能大会组委会编
. -- 上海：上海科学技术出版社，2023.2
 ISBN 978-7-5478-6083-0

 Ⅰ．①智… Ⅱ．①世… Ⅲ．①人工智能 Ⅳ.
①TP18

中国国家版本馆CIP数据核字(2023)第021308号

责任编辑：王　娜　包惠芳
装帧设计：陈宇思

智联世界——元生无界
世界人工智能大会组委会　编

上海世纪出版(集团)有限公司
上海 科 学 技 术 出 版 社 出版、发行
(上海市闵行区号景路159弄A座9F-10F)
邮政编码201101　www.sstp.cn
上海雅昌艺术印刷有限公司印刷
开本890×1240　1/32　印张8
字数172千字
2023年2月第1版　2023年2月第1次印刷
ISBN 978-7-5478-6083-0/TP・81
定价：78.00元

本书如有缺页、错装或坏损等严重质量问题，请向印刷厂联系调换